食品检测技术

唐 洁 唐艳平 倪 婕◎主编

四川科学技术出版社

图书在版编目（CIP）数据

食品检测技术 / 唐洁 , 唐艳平 , 倪婕主编 . —— 成都：
四川科学技术出版社 , 2024.7. —— ISBN 978-7-5727
-1402-3

Ⅰ . TS207

中国国家版本馆 CIP 数据核字第 2024W6F206 号

食品检测技术
SHIPIN JIANCE JISHU

主　　编	唐　洁　唐艳平　倪　婕
出 品 人	程佳月
责任编辑	朱　光
助理编辑	陈室霖
选题策划	鄢孟君
封面设计	星辰创意
责任出版	欧晓春
出版发行	四川科学技术出版社
	成都市锦江区三色路 238 号　邮政编码　610023
	官方微博　http://weibo.com/sckjcbs
	官方微信公众号　sckjcbs
	传真　028-86361756
成品尺寸	170 mm × 240 mm
印　　张	9
字　　数	180 千
印　　刷	三河市嵩川印刷有限公司
版　　次	2024 年 7 月第 1 版
印　　次	2024 年 7 月第 1 次印刷
定　　价	60.00 元

ISBN 978-7-5727-1402-3

邮　　购：成都市锦江区三色路 238 号新华之星 A 座 25 层　邮政编码：610023
电　　话：028-86361770

前言
PREFACE

　　食品是人类最直接、最重要的能量和营养素来源,随着经济的迅速发展和人们生活水平的不断提高,食品产业获得了空前的发展。随着我国食品工业和食品科学技术的发展,以及对外贸易的需要,食品分析与检验工作已经被提高到一个极其重要的地位,特别是为了保证食品的品质,执行国家的食品法规和管理办法,做好食品卫生监督工作,开展食品科学技术研究,寻找食品污染的根源,人们更需要对食品进行各种有效营养物质和对人体有毒有害物质的分析与检验。

　　本书从食品检测的基本理论出发,详细介绍了食品检测的一些概念,指出了从业者进行食品检测应当具备的基本技能。在此技能基础上,本书进行了更加细致的划分,对食品理化检测、食品中矿物质元素检测、食品中添加剂检测、食品中有毒有害成分检测等检测技能的内容进行了介绍。

　　"民以食为天,食以安为先。"食品安全关系一个国家的人民群众生命健康、社会和谐、经济发展以及国际形象,这其中食品检测技术的重要性不言而喻。食品检测工作是食品质量管理过程的重要环节,在确保原材料质量方面起着保障作用,在生产过程中起着监控作用,在最终产品检验方面起着监督和标示作用。本书内容翔实,结构清晰,逻辑严密,可供食品领域从业者学习食品检测技术参考使用。

　　本书为桂林师范高等专科学校2022年著作建设项目成果。

目录
CONTENTS

第一章 认识食品检测

第一节 食品检测的性质、任务、作用

一、食品分析检测的性质与作用

食品分析检测是一门研究和评定食品品质及其变化和卫生状况的学科，是运用感官的、物理的、化学的和仪器分析的基本理论和技术，对食品（包括食品的原料、辅料、半成品、成品和包装材料等）的组成成分、感官特性、理化性质和卫生状况进行分析检测，研究检测原理、检测技术和检测方法的应用型学科。食品分析检测是食品科学的重要分支，具有较强的技术性和实践性。

食品分析检测是食品工业生产和食品科学研究的"眼睛"和"参谋"，是不可缺少的手段，在保证食品的营养卫生，防止食物中毒及食源性疾病，确保食品的品质及食用的安全，研究食品化学性污染的来源、途径，以及控制污染等方面都有着十分重要的意义。食品的品质直接关系到人类的健康及生活质量。随着预防医学和卫生检验学的不断发展，食品分析检测在确保食品安全和保护人们健康中将发挥更加重要的作用。

二、食品分析检测的任务

食品分析检测工作是食品质量管理过程的重要环节，食品分析检测贯穿于产品开发、研制、生产和销售的全过程。其主要任务包括以下内容。

根据制定的技术标准，运用现代科学技术和检测手段，对食品生产的原料、辅助材料、半成品、包装材料及成品进行分析检测，从而对食品的品质、营养、安全与卫生进行评定，保证食品质量符合食品标准的要求。

对食品生产工艺参数、工艺流程进行监控，确定工艺参数、工艺要求，掌握生产情况，以确保食品的质量，指导与控制生产工艺过程。

为食品生产企业的成本核算、制订生产计划提供基本数据。

开发新的食品资源,提高食品质量以及寻找食品的污染来源,使广大消费者获得美味可口、营养丰富、经济和卫生的食品,为食品生产新工艺和新技术的研究及应用提供依据。

检测机构根据政府质量监督行政部门的要求,对生产企业的产品或上市的商品进行检测,为政府管理部门对食品品质进行宏观监控提供依据。

当发生产品质量纠纷时,第三方检验机构根据解决纠纷的有关机构(包括法院、仲裁委员会、质量管理行政部门及民间调解组织等)的委托,对有争议产品作出仲裁检测,为有关机构解决产品质量纠纷提供技术依据。

在进出口贸易中,根据国际标准、国家标准和合同规定,对进出口食品进行检测,保证进出口食品的质量,维护国家出口信誉。

当发生食物中毒事件时,检验机构对残留食物作出仲裁检测,为事情的调查及解决提供技术依据。

第二节　食品分析及食品质量标准

一、食品分析的方法

食品分析的方法随着分析技术的发展不断进步。食品分析的特征在于样品是食品,对样品的预处理为食品分析的首要步骤,如何将其他学科的分析手段应用于食品样品的分析是食品分析学科要研究的内容。根据食品分析的指标和内容,通常有感官分析法、化学分析法、仪器分析法、微生物分析法和酶分析法等食品分析方法。

(一)感官分析法

感官分析法集心理学、生理学、统计学知识于一体,通过评价员的视觉、嗅觉、味觉、听觉和触觉活动得出结论,其应用范围包括食品的评比、消费者的选择、新产品的开发,更重要的是消费者对食品的享受。

感官分析法已发展成为感官科学的一个重要分支,且相关的仪器研发也有很大进展。

(二)化学分析法

以物质的化学反应为基础的分析方法称为化学分析法,是比较古老的分析方法,常被称为"经典分析法"。化学分析法主要包括重量分析法和滴定分析法,以及样品的处理和一些分离、富集、掩蔽等化学手段。化学分析法是分析化学科学重要的分支,由化学分析演变出了后来的仪器分析法。

化学分析法通常用于测定质量系数在1%以上的常量组分,准确度高(相对误差为0.1%~0.2%),所用仪器设备简单,如天平、滴定管等,是解决常量分析问题的有效手段。随着科学技术发展,化学分析法向着自动化、智能化、一体化、在线化的方向发展,可以与仪器分析紧密结合,应用于许多实际生产领域。

重量分析法是根据物质的化学性质,选择合适的化学反应,将被测组分转化为一种组成固定的沉淀或气体形式,通过纯化、干燥、灼烧或吸收剂吸收等处理后,精确称量,求出被测组分的含量。

滴定分析法是将一种已知准确浓度的试剂溶液,滴加到被测物质的溶液中,直到所加的试剂与被测物质按化学式计量定量反应为止,根据试剂溶液的浓度和消耗的体积,计算被测物质含量的方法。当加入滴定液中物质的量与被测物质的量完成定量反应时,反应达到计量点。

在滴定过程中,指示剂发生颜色变化的转变点称为滴定终点。滴定终点与计量点不一定完全一致,由此所造成的分析误差叫作滴定误差。

适合滴定分析法的化学反应应该具备以下条件:①反应必须按方程式定量完成,通常要求在99.9%以上,这是定量计算的基础;②反应能够迅速完成(有时可加热或用催化剂以加速反应);③共存物质不干扰主要反应,或可用适当的方法消除其干扰;④有比较简便的方法确定计量点(指示滴定终点)。

滴定分析法有以下两种。

直接滴定法:用滴定液直接滴定待测物质。

间接滴定法:直接滴定有困难时常采用以下两种间接滴定法来滴定。

一是置换法,即利用适当的试剂与被测物反应产生被测物的置换物,然后用滴定液滴定置换物。

二是回滴定法(剩余滴定法),即用已知的过量的滴定液和被测物反应完全后,再用另一种滴定液滴定剩余的前一种滴定液。

化学分析有定性和定量分析两种。一般情况下食品中的成分及来源已知,不需要做定性分析。化学分析法能够分析食品中的大多数化学成分。

(三)仪器分析法

仪器分析法是利用能直接或间接表征物质特性(如物理性质、化学性质、生理性质等)的实验现象,通过探头或传感器、放大器、转化器等将特性转变成人可直接感受的物质成分、含量、分布或结构等信息的分析方法。通常测量光、电、磁、声、热等物理量而得到分析结果。

仪器分析法又称为物理和物理化学分析法。根据被测物质的某些物理特性(如光学、热量、电化、色谱、放射等)与组分之间的关系,不经化学反应直接进行鉴定或测定的分析方法,叫作物理分析法。根据被测物质在化学变化中的某种物理性质和组分之间的关系进行鉴定或测定的分析方法,叫作物理化学分析方法。进行物理或物理化学分析时,大都需要精密仪器进行测试,故此类分析方法叫作仪器分析法。

与化学分析法相比,仪器分析法有以下优点:灵敏度高,检出限量可降低,如样品用量由化学分析的mg、mL级降低到仪器分析的μg、μL级或ng、nL级,甚至更低,适合于微量成分、痕量成分和超痕量成分的测定;选择性好,很多的仪器分析方法可以通过选择或调整测定的条件,使测定共存的组分时,相互间不产生干扰;操作简便,分析速度快,容易实现自动化。

仪器分析法是在化学分析法的基础上进行的,如样品的溶解、干扰物质的分离等,都是化学分析法的基本步骤。同时,仪器分析大都需要化学纯品做标准,而这些化学纯品的成分,多需要化学分析法来确定。化学分析法和仪器分析法是相辅相成的。另外,仪器分析法所用的仪器往往比较复杂、昂贵,操作者需进行专门培训。

(四)微生物分析法

基于某些微生物生长所需特定物质或成分进行分析的方法称为微生物分析法,其测定结果反映了样品中具有生物活性的被测物含量。微生物分析法广泛用于食品中维生素、抗生素残留和激素残留等成分的分析,特点是反应条件温和,准确度高,试验仪器投入成本低。但它仍旧逐渐被其他方法所取代,因其分析周期长、实验步骤烦琐,与目前分析方法简便、快速、高效的发展方向不符。微生物分析法一般需4~6 d,而其他方法一般在1~2 d即可完成;通常微生物分析法需要样品前处理、制备菌种液、制备测试管、接种、测定、计算等步骤,与仪器分析法相比,步骤繁多。

(五)酶分析法

酶是专一性强、催化效率高的生物催化剂。利用酶反应进行物质组成定性定量分析的方法称为酶分析法。酶分析法具有特异性强、干扰少、操作简便、样品和试剂用量少、测定快速精确、灵敏度高等特点。通过了解酶对底物的特异性,可以预料可能发生的干扰反应并设法纠正。在以酶作分析试剂测定非酶物质时,也可用偶联反应,偶联反应的特异性,可以增加反应全过程的特异性。此外,由于酶反应一般在温和的条件下进行,不需使用强酸或强碱,因此是一种无污染或污染很小的分析方法。很多需要使用气相色谱仪、高压液相色谱仪等贵重的大型精密分析仪器才能完成的分析检验工作,应用酶分析法即可简便快速进行。

二、食品质量标准

目前,对于食品生产的原辅料及最终产品已经制定了相应的国际和国内标准,并且在不断地改进和改善。

根据使用范围的不同,食品质量标准可分为以下几类。

(一)国内标准

我国现行食品质量标准按效力或标准的权限分为国家标准、行业标准、地方标准和企业标准。每级产品标准对产品的质量、规格和检验方法都有规定。

1.国家标准

国家标准是全国食品工业必须共同遵守的统一标准,由国务院标准化行政主管部门制定,是国内四级标准体系中的主体,其他各级标准均不得与之相抵触。

国家标准又可分为强制性国家标准和推荐性国家标准。强制性标准是国家通过法律的形式,明确要求对于一些标准所规定的技术内容和要求必须执行,不允许以任何理由或方式违反和变更,对违反强制性标准的,国家将依法追究当事人的法律责任。强制性国家标准的代号为"GB"。推荐性国家标准是国家鼓励自愿采用的具有指导作用而又不宜强制执行的标准,即标准所规定的技术内容和要求具有普遍的指导作用,允许使用单位结合自己的实际情况灵活选用。推荐性国家标准的代号为"GB/T"。

2.行业标准

行业标准是针对没有国家标准而又需要在全国食品行业范围内统一的技术要求而制定的。行业标准由国务院有关行政主管部门制定并发布,并报国务院标准化行政主管部门备案。行业标准是对国家标准的补充,是专业性、技术性较强的标准。在公布相应的国家标准之后,该项行业标准即行废止。

行业性标准也分强制性行业标准和推荐性行业标准。行业标准的代号,依行业的不同而有所区别,国务院标准化行政管理部门已规定了67个行业标准代号,如与食品工业相关的轻工业行业,强制性行业标准代号为"QB",推荐性行业标准代号为"QB/T"。

3.地方标准

地方标准是指对没有国家标准和行业标准,而又需要在省、自治区、直辖市范围内统一食品工业产品的安全、卫生要求而制定的标准。地方标准由省、自治区、直辖市标准化行政主管部门制定,并报国务院标准化行政主管部门和国务院有关行政主管部门备案。在公布国家标准或者行业标准之后,该项地方标准即行废止。

强制性地方标准代号为"DB"加上省、自治区、直辖市行政区划代码前两位数再加斜线。如河南省代号为"410000",则河南省强制性地方标准代号为"DB41/"。

4.企业标准

企业标准是企业所制定的标准,以此作为组织生产的依据。企业的产品标准须报当地政府标准化行政主管部门和有关行政主管部门备案。已有国家标准或行业标准的,国家鼓励企业制定严于国家标准或行业标准的企业标准,在企业内部使用。企业标准代号为"Q",某企业的企业标准代号为"QB/企业代号",企业代号可用汉语拼音字母或阿拉伯数字组成。

(二)国际标准

1.CAC标准

国际食品法典是由国际食品法典委员会(CAC)组织制定的食品标准、准则和建议,是国际食品贸易中必须遵循的基本规则。CAC是联合国粮农组织(FAO)和世界卫生组织(WHO)建立的协调各国政府间食品标准的国际组织,旨在通过建立国际政府组织之间以及非政府组织之间协调一致的农产品和食品标准体系,保护全球消费者的健康,促进国际农产品以及食品的公平贸易,协调制定国际食品法典。CAC现有的包括中国在内的一百多个成员国,覆盖区域占全球人口的99%。食品法典体系让所有成员国都有机会参与国际食品/农产品标准的制修订和协调工作。进出口贸易额较大的发达国家和地区积极主动地承担或参与了CAC各类标准的制修订工作。目前,CAC标准已成为全球消费者、食品生产和加工者、各国食品管理机构和国际食品贸易重要的参照标准,也是世界贸易组织(WTO)认可的国际贸易仲裁依据。CAC标准现已成为进入国际市场的通行证。

CAC标准主要包括食品/农产品的产品标准、卫生或技术规范、农药/兽药残留限量标准、污染物准则、食品添加剂的评价标准等。CAC标准已对食品生产加工者以及最终消费者的观念意识产生了巨大影响。食品生产者通过CAC标准来确保其在全球市场上的公平竞争地位;法规制定者和执行者将CAC标准作为其决策参考,制定政策改善和确保国内及进口食品的安全、卫生;采用了国际通用的CAC标准的食品和农产品能够增加消费者的信任,从而赢得更大的市场份额。

2.AOAC标准

国际官方分析化学家协会(AOAC International)为非营利性质的国际化行业协会。AOAC被公认为全球分析方法校核(有效性评价)的领导者,它提供用以支持实验室质量保证(QA)的产品和服务,AOAC在方法校核方面有长达100多年的经验,并为药品、食品行业提供了大量可靠、先进的分析方法,目前已被越来越多的国家所采用作为标准方法。在现有AOAC方法库中存有2 800多种经过认证的分析方法,均被作为世界公认的官方"金标准"。在长期的实践过程中,AOAC于全球范围内同官方或非官方科学研究机构建立了广泛的合作和联系,在分析方法认证和合作研究方面起到了总协调的作用。AOAC下属设立了11个方法委员会,分别从事食物、饮料、药品、农产品、环境、卫生、毒物残留等方面的方法学研究、考察和认证。

第二章 基本技能

第一节 样品采集、制备及保存

一、采样

食品种类繁多、数量极大,而目前的检测方法大多数具有破坏作用,故不可能对全部食品进行校验,必须从整批食品中采取一定比例的样品进行校验。样品的采集简称"采样",是指从大量的分析对象中抽取有代表性的一部分样品作为分析材料(分析样品)。

(一)正确采样的重要性

采样是食品分析检测工作中非常重要的环节。在食品分析检测中,不管是成品、半成品,还是原辅材料,由于食品种类繁多,成分差异极大,即使是同一种类,由于品种、产地、成熟期、加工、贮藏条件等的不同,其组分及含量也可能有很大的差异。另外,即使是同一分析对象,各部位间的组成和含量也有相当大的差异。要从大量的、所含成分不一致的、成分不均匀的被检物质中采集能代表全部被检物质的分析样品,必须掌握科学的采样技术,并根据分析检测目的的不同选择正确的采样方法。

(二)采样的原则

1.采集的样品必须具有代表性

保证检测结果的准确,首要条件就是采取的样品必须具有充分的代表性,能代表全部检验对象,代表食品整体;否则,无论样品处理、检测等一系列环节做得如何认真、精确都是毫无意义的,甚至会得出错误的结论。

2.采样过程中要设法保持原有的理化指标,防止成分逸散或带入杂质

待测样品的成分如水分、气味、挥发性酸等发生逸散,显然将影响检测结

果的正确性,因此,采样后应迅速送检验室检验,尽量避免样品在检验前发生变化,使其保持原来的理化状态。样品在检验之前应防止带入一切有害物质或干扰物质,一切采样工具都应清洁、干燥、无异味,盛放样品的容器中不得含有待测物质及干扰物质。

(三)采样的一般程序

从一大批被测对象中采取能代表整批被测对象质量的样品,必须遵从一定的采样程序和原则。采样一般分三步,依次获得检样、原始样品和平均样品。

待检食品 ——采集——→ 检样 ——混合——→ 原始样品 ——处理、缩分——→ 平均样品 { 检验样品 复检样品 保留样品

检样:从整批待检食品的各个部分分别采取的少量样品。

原始样品:把所有的检样混合在一起,构成原始样品。

平均样品:原始样品经过处理,再按一定的方法抽取其中的一部分供分析检测的样品。

检验样品:由平均样品中分出,用于全部项目检验用的样品。

复检样品:由平均样品中分出,当对检验结果有疑义或分歧时,用来进行复检的样品。

保留样品:由平均样品中分出,封存保留一段时间,作为备查用的样品。

(四)采样的一般方法

样品的采集分随机抽样和代表性取样两种方法。

随机抽样,即按照随机原则从大批物料中抽取部分样品。操作时,可采用多点取样法,即从被检食品的不同部位、不同区域、不同深度,上、下、左、右、前、后多个地方采取样品,使所有物料的各个部分均有被抽取的机会。

代表性取样,使用系统抽样法进行采样,根据样品随空间(位置)和时间变化的规律,采集能代表其相应部分的组成和质量的样品。如分层采样,依生产程序流动定时采样、按批次或件数采样、定期抽取货架上陈列的食品采样等。

两种方法各有利弊,随机抽样可避免人为的倾向性,但是对不均匀样品仅用随机抽样法是不够的,必须结合代表性取样,从有代表性的各个部分分别取样,保证样品的代表性。具体取样方法视样品不同而异,通常采用随机抽样和

代表性取样相结合的方式。

1. 均匀固体物料（如粮食、粉状食品等）的采样方法

对于有完整包装（袋、桶、箱等）的物料，可按采样公式确定采样件数，然后从样品堆放的不同部位，按采样件数确定具体采样袋（桶、箱等）。采样公式为

$$s = \sqrt{\frac{N}{2}}$$

式中：s——采样件数；

N——检测对象的数目（袋、桶、箱等）。

从样品堆放的不同部位按采样件数确定具体采样袋（桶、箱等），再用双套回转取样管采样。将取样管插入包装中，回转180°取出样品，每一包装须由上、中、下三层取出三份检样，把许多检样综合起来成为原始样品。再用"四分法"将原始样品做成平均样品，即将原始样品充分混合后堆积在清洁的玻璃板上，压平成厚度在3 cm以下的图形，并划上十字线，将样品分成四份，取对角的两份混合，其余部分舍去，再重复上述操作直至取得所需样品数量为止，即得到平均样品。

对于无包装的散堆样品，先划分若干等体积层，然后在每层的四角和中心点，也分为上、中、下三个部位，用双套回转取样管采样，再按上述方法处理得到平均样品。

2. 黏稠的半固体物料（如稀奶油、动物油脂、果酱等）的采样方法

这类物料不易充分混合，可先按采样公式确定采样数，打开包装，用采样器从各桶（罐）中分上、中、下三层分别取出检样，然后混合分取缩减到所需数量的平均样品。

3. 液体物料（如植物油、鲜乳等）的采样方法

对于包装体积不太大的液体物料，可先按采样公式确定采样件数。打开包装，用混合器充分混合，如果容器内被检物不多，可在密闭容器内旋转摇荡，或从一个容器倒入另一个容器，反复数次或颠倒容器，再用采样器缓慢、匀速地自上端斜插至底部采取检样。易氧化食品搅拌时要避免与空气混合；挥发性液体食品，用虹吸法从上、中、下三层采样。

对于大桶装的或散（池）装的液体物料不易混合均匀，可用虹吸法分层（大池的还应分四角及中心五点）取样，每层500 mL左右，获得多份检样。

4.组成不均匀的固体物料(如鱼、肉、果蔬等)的采样方法

这类食品本身各部位成分极不均匀,个体大小及成熟程度差异很大,取样时更应注意代表性,可按下述方法采样。

(1)肉类

根据不同的分析目的和要求而定。有时从一只动物的不同部位取样,混合后代表该只动物;有时从多只动物的同一部位取样,混合后代表某一部位。

(2)水产品

小鱼、小虾可随机取多个样品,切碎、混匀后得到原始样品,分取缩减到所需数量即为平均样品;对个体较大的鱼,可从若干个体上切割少量可食部分,切碎混匀后得到原始样品,分取缩减到所需数量即为平均样品。

(3)果蔬

体积较小的果蔬(如山楂、葡萄等),可随机取若干个整体,切碎混匀后得到原始样品,缩分到所需数量即为平均样品。体积较大的果蔬(如西瓜、苹果、萝卜等),可按成熟度及个体大小的组成比例,选取若干个体,对每个个体按生长轴纵剖分成四份或八份,取对角线两份,切碎、混匀后得到原始样品,缩分到所需数量即为平均样品。体积蓬松的叶菜类果蔬(如菠菜、小白菜、苋菜等),可由多个包装(一筐、一捆)分别抽取一定数量,混合后捣碎、混匀得到原始样品,分取缩减到所需数量即为平均样品。

5.小包装物料(罐头、袋或听装奶粉、瓶装饮料等)的采样方法

这类食品一般按班次或批号连同包装一起采样。如果小包装外还有大包装(如纸箱),可按采样公式在堆放的不同部位抽取一定量大包装,从每箱中抽取小包装(瓶、袋等)作为检样,再缩减到所需数量即为平均样品。

(五)采样的数量

食品分析检验结果的准确与否通常取决于两个方面:①采样的方法是否正确;②采样的数量是否得当。因此,从整批食品中采取样品时,通常按一定的比例进行。确定采样的数量,应考虑分析项目的要求、分析方法的要求和被分析物的均匀程度三个因素。一般平均样品的数量不少于全部检验项目的四倍;检验样品、复验样品和保留样品一般每份数量不少于0.5 kg。检验掺伪食品时,与一般的成分分析样品不同,由于分析项目事先不明确,属于捕捉性分析,因此,取样数量要多一些。

二、样品制备与保存

(一)样品制备

按采样规程采取的样品往往数量过多,颗粒太大,组成不均匀。因此,必须对样品进行粉碎、混匀、缩分,这项工作称为样品制备。样品的制备方法因产品类型不同而异。

液体、浆体或悬浮液体,直接通过搅拌、摇匀的方法使其充分混匀。

互不相溶的液体(如油与水的混合物)应首先使不相溶的成分分离,再分别进行采样。

固体样品通过粉碎、捣碎、研磨等方法将样品制成均匀可检状态。水分含量少、硬度较大的固体样品(如谷类),可用粉碎法;水分含量较高、质地软的样品(如果蔬),可用匀浆法;韧性较强的样品(如肉类),可用研磨法。

罐头类,如水果罐头在捣碎前需清除果核,肉禽罐头应事先清除骨头,鱼罐头要先将调味品(如葱、辣椒等)分出后再捣碎。

在样品制备过程中,应防止易挥发性成分的逸散,和样品组成理化性质的变化。做微生物检验的样品,应按无菌操作规程制备。

(二)样品保存

采集的样品,为了防止其水分或挥发性成分散失以及其他待测成分含量的变化(如光解、高温分解、发酵等),应在短时间内进行分析。如果不能立即分析,则应妥善保存。保存的原则是:干燥、低温、避光、密封。

制备好的样品应放在密封、洁净的容器内,置于阴暗处保存。易腐败变质的样品应保存在 0~5 ℃的冰箱里,但保存时间不宜过长。有些成分,如胡萝卜素、黄曲霉毒素 B2 容易发生光解,以这些成分为分析项目的样品,必须在避光条件下保存。特殊情况下,样品中可加入适量的不影响分析结果的防腐剂,或将样品置于冷冻干燥器内进行升华干燥保存。此外,存放的样品要按日期、批号、编号摆放,以便日后查找。

一般样品在检验结束后,应保留一个月,以备需要时复检。易变质食品不予保留,保存时应加封并尽量保持原状。

第二节 误差、原始数据、检验报告

一、误差简介

（一）误差的来源

测量误差的产生原因主要有以下几个方面。

1.方法误差和理论误差

由于测量方法不合理所造成的误差称为方法误差,包括采样方法、测量重复次数、取样时间等。例如,用砷斑法(检出限为0.25 mg/kg)测定某食品中砷的含量(含量小于0.1 mg/kg),由于方法本身需要待测样品含有较高的含量才能被检出,使得低含量的砷检出结果不可靠,引起较大的测量误差。在选择测量方法时,应首先研究被测量样品本身的特性、所需要的精确程度、具有的测量设备等因素,综合考虑后再确定采用哪种测量方法和选择哪些测量设备。正确的测量方法才可以得到精确的测量结果。

理论误差是用近似公式或近似值计算测量结果时所引起的误差。

2.测量仪器(装置)误差

测量仪器误差指由测量仪器仪表本身及其附件所引入的误差。例如,装置本身电气或机械性能不完善,仪器、仪表的零位偏移,刻度不准确及非线性。例如,天平的砝码、容量瓶的刻度、分光光度计的波长、各种仪器的基线等都含有误差。

3.环境误差

环境误差是由于各种环境因素与要求条件不一致所造成的误差。例如由温度、电源电压、光线、温度、湿度、气压、电磁场等影响引起的误差。

4.人员误差

人员误差是由于测量者的分辨能力、视觉疲劳、固有习惯或疏忽大意等因素引起的误差,如估读误差、操作不当等。这种误差因人而异,并和实验训练的素养有关。

5.试剂不纯的误差

试剂不纯的误差是由于试剂不纯或器皿的质量不高,或者去离子水不合规格,引入微量的待测组分或对测定有干扰的杂质造成的误差。

(二)随机误差和系统误差

1.随机误差

随机误差是指测量结果与在重复性条件下,对同一被测量进行无限多次测量所得结果的平均值之差,也叫偶然误差。它是由一些对测量值影响较微小又互不相关的多种因素共同造成的。随机误差是没有规律的、不可预知的、不能控制的,也无法用实验的方法加以消除。

测量结果是真值、系统误差与随机误差这三者的代数和;而测量结果与无限多次测量所得结果的平均值(即总体均值)差,则是这一测量结果的随机误差分量。随机误差等于误差减去系统误差。随机误差大抵来源于影响量的变化,这种变化在时间上和空间上是不可预知的或随机的,它会引起被测量重复观测值的变化,故称为"随机效应"。随机误差具有对称性、有界性和单峰性三条统计规律。

2.系统误差

系统误差是指在重复性条件下,对同一被测量进行无限多次测量所得结果的平均值与被测量的真值之差。由于只能进行有限次数的重复测量,真值也只能用约定真值代替,因此同真值一样,系统误差及其原因无法完全获知,可能确定的系统误差,只是其估计值,并具有一定的不确定度。这个不确定度也就是修正值的不确定度,它与其他来源的不确定度分量一样贡献给了合成标准不确定度。

随机误差反映了测量结果的精密度,随机误差越小,测量精密度越高。系统误差和随机误差的综合影响决定测量结果的准确度,准确度越高,表示正确度和精密度越高,即系统误差和随机误差越小。

(三)绝对误差和相对误差

误差按表示形式分为绝对误差和相对误差。

绝对误差是指某测量值的测得值和真值之间的差值,通常简称为误差。其表达式为

$$绝对误差=测得值-真值(真值常用约定真值来表示)$$

相对误差是指绝对误差与被测量真值之比。其表达式为

$$相对误差 = 绝对误差/真值 \times 100\%$$

绝对误差和相对误差的区别主要在于:绝对误差是一个具有确定的大小、符号及单位的量,给出了被测量的量纲,其单位与测得值相同。相对误差只有大小和符号,无量纲,一般用百分数来表示。

(四)相对相差

相差、相对相差是分析化学中的化学用语,是指若相同条件下只做了两次测定(重复一次),则用相差和相对相差表示精密度。其计算公式为

$$相差 = \left| X_1 - X_2 \right|(绝对值)$$

$$相对相差 = 相差/平均值$$

(五)准确度和精密度

准确度是指在一定实验条件下多次测定的平均值与真值相符合的程度,以误差来表示。它用来表示系统误差的大小。在实际工作中,通常用标准物质或标准方法进行对照试验,在无标准物质或标准方法时,常用加入被测定组分的纯物质进行回收试验来估计和确定准确度。在误差较小时,也可通过多次平行测定的平均值作为真值的估计值。精密度是指多次重复测定同一量时各测定值之间彼此相符合的程度。精密度表征测定过程中随机误差的大小。好的精密度是保证获得良好准确度的先决条件,一般说来,测量精密度不好,就不可能有良好的准确度。反之,测量精密度好,准确度不一定好,这种情况表明测定中随机误差小,但系统误差较大。对于一个理想的分析方法与分析结果,既要求有好的精密度,又要求有好的准确度。

二、原始记录

实验室原始记录用于为可追溯性提供文件,并提供验证、预防措施和纠正措施的证据,具有清晰、完整、真实和原始等特点。其通常分为质量记录和技术记录两种。技术记录是检测过程中所得数据和信息的累积,它们是出具检测报告的依据。记录应及时、准确,以便真实反映现场状态,并应具有唯一性和重现性。

(一)原始记录表格的设计

原始记录是实验室出具检验报告最基本的原始资料,也是检验人员实验

过程的再现。由于原始记录证据性强,需要详细记录的内容多,重复性记录多,使用表格化原始记录,可以方便检验人员的记录工作,减少手工反复录入,提高工作效率。表格化原始记录的目标是既让记录真实,内容更完整、齐全,又让书写更清晰、整洁、便捷,提高检验人员记录原始数据的工作质量。编制一套简洁明了、方便实用且符合实际检测工作要求的表格化原始记录模板是至关重要的,也是绝大部分实验室记录原始数据所采用的有效方式。

检测原始记录由直接从事检测工作的人员依据相关的标准和方法进行编写。

(二)原始记录包括的内容

原始记录主要应包括以下内容。

1. 标题

包含了检验检测机构名称及检测类别原始记录,如"××单位××检验原始记录",在原始记录顶端可以用加粗黑体字书写并居中表示。

2. 可用表格罗列的信息

如样品受理编号、样品名称、检测项目、检测依据、检测起止日期、环境条件、所用标准物质等,这些信息简单明了,可以利用表格在标题下方表述。样品编号、样品名称、检测项目必须和样品受理处或质检科送样时所附流转单上信息一致。检测依据应写到具体的检测方法,并现时有效。

样品名称:产品性质样品指商品名;非产品性质样品指被测场所采集的气体、水、餐饮、疑似中毒样品等具体名称。

样品编号:由样品受理部门或质量管理部门统一编号,应按照本机构质量管理手册中规定的编码规则写全样品编号的全部编码,这是样品的唯一标识。

检测项目:检测某项目的具体名称,要准确,应与相关标准书写一致,避免造成歧义。

检测依据:指检测方法所在标准代号或书刊名称及检验方法名称,应写到具体使用的检测方法,可以只写标准代号以求简明扼要,规范应写明发行部门。在选用检验方法时应选用现行有效的、适用范围与所检测样品相符合的、方法灵敏度能满足卫生标准要求的、实验室检测能力能够满足的方法。在国家标准、行业标准和企业标准等标准中,要优先选择现行有效的国家标准,并根据自身检测能力选择方法。

检测起止日期:某项目的检测开始日期与结束日期,用规范的日期表示方式填写,写到年月日即可。这是对结果有效性至关重要的日期。

仪器名称及使用条件:指检测某一项目所具体使用的仪器型号、名称、出厂编号、实验室编号(此是仪器的唯一标识)等,重点是仪器名称和实验室编号。必要时列出该仪器使用时的条件要求(例:马弗炉使用温度、分光光度计使用波长等)。

环境条件:标明与检测结果有直接影响的环境条件,包括温度、湿度等。

标准物质(或参考物质):指作质量控制所用的标准物质(或参考物质),需标明标准物的来源、级别、定值期及有效期。

标准溶液:实验中所用的标准溶液。购买后不用稀释就可使用的标准溶液,原始记录描述同上。

使用时需制备或稀释的标准溶液,按照(GB/T 602—2016)、(GB/T 603—2016)进行制备并做好记录;需通过滴定法标定的标准溶液,要严格按照(GB/T 601—2016)制备并做好记录。标准溶液的配制和稀释,需在原始记录中体现溯源性,可用在实验原始记录中直接描写或引用标准溶液配制记录等方式体现。

页码:检测项目原始记录的页码和总页数,以确保能够识别该页是原始记录的一部分。

3.检测过程相关信息

这是原始记录中的主体部分,其完整性和准确性直接关系到检测结果的可追溯性和复现性,包括检测步骤、检测条件、检测数据、计算公式、检测结果等。

(1)检测步骤

指实验中具体的操作过程。记录应简明扼要,便于重现和溯源,但不必照抄标准方法或作业指导书。在样品处理过程中要准确记录具体的温度、时间等,如整个实验的操作步骤与标准或作业指导书中的完全一致,此部分内容可适当精简。

(2)检测条件

指在实验过程中与操作有关的数据,如检测时所需的实际样品用量、稀释倍数、仪器的主要部件(如色谱分析中的色谱柱、检测器)、特殊试剂(如色谱分析中的流动相、载气等)以及各种实验条件等。描述要据实准确、客观记录,不得人为修约。

(3)检测数据

指在实验中产生的与结果密切相关的数据。如样品量、标准加入量等。实测数据在原始记录中至关重要,是完成检测的客观证据,需客观真实,不得伪造和修约以及人为选取,如滴定分析时应准确记录滴定前和滴定后的滴定管读数,而不是只记录总滴定体积。必要时应附仪器设备打印的原始材料。具体要求如下。

分光光度法:标准曲线范围的各浓度或质量点,以及测定与其相对应的吸光度值和该曲线的3个重要参数(a、b、r)值;空白、样品的吸光度;与标准曲线中相对应的样品的浓度或质量。此类信息最好采用仪器设备打印的原始记录。

滴定法:滴定空白与样品时滴定剂的起始值与终点值,最终滴定剂的消耗量。

重量法:器皿恒重记录以及器皿加样品烘烤或灼烧后的恒重记录。

仪器法:除有定量的标准曲线、空白与样品的仪器响应值的数据和图谱外,还需有定性的所有数据(保留时间等)。此类信息最好采用仪器设备打印的原始记录。

感官检验:记录通过视觉、嗅觉、味觉等观察的现象,描述并下结论。

目视法限量试验:需记录观察的现象及限量标准的浓度或质量的数据。

毒物定性试验:除记录检测时发生的各种现象描述外,对阳性样品还需有其他方法确证试验的数据。

(4)计算公式

检测结果的最终计算方法。公式表示在正体、斜体使用上应规范,原始记录应列出计算公式以及相应符号的具体含义。

(5)检测结果

检测结果是由实测数据根据计算公式计算的待测物的含量,应根据方法标准的要求按有效数字方法进行修约,以及按一定的科学方法进行数据取舍。在计算结果低于方法检出限时,报"小于方法检出限值或定量限,或依据检出限和定量限确定的报告限(传统也叫报告值)";结果高于方法检出限或定量限或报告限值时,直接报告计算值。

4.签字

检测数据全部记录完毕后,检测该项目的人员签名。该人员必须是专业人员或经过专业培训的长期签约人员,具有相应检验资格。

(三)原始记录的填写要求

原始记录是记录源头的(即原始的)信息,真实反映工作的情况,提供客观的证据。原始记录的填写应字迹清晰、用字规范。应注意不能使用铅笔等可擦除或易褪色的工具来书写。原始记录应使用规范的专业术语,应采用法定计量单位。原始记录应逐栏填写,不能空格。如有不适用项目,应做标记,如长横杠或文字说明。当然,原始记录不一定要纸质手写,仪器设备上直接打印的数据、图标、曲线等均属于原始记录范畴。但是要强调的是:数据记录在纸上,后再转移到仪器设备上生成曲线的不属于原始记录;同样,直接由仪器设备采集的属于原始记录,间接采集的不属于原始记录。事后补记、追记检测原始记录是不符合要求的。对检测原始记录进行誊抄整理是毫无意义的多余之举,是不必要、不允许的。

原始记录允许修改,但不能随意删除或增减数据。如需修改,应遵循"谁有错,谁更改"的原则,按照《检测和校正实验室能力的通用要求》,用双横线划去(被划改内容仍应清晰可见),在上方写上正确值,不能擦涂,以保证修改前的记录能够辨认,并在下方签上修改人姓名,必要时还应注明修改时间及原因。

原始记录填写的具体要求如下。

需用蓝黑墨水笔或碳素笔(显微绘图可用铅笔)书写。电脑打印的数据与图谱应出具采集日期和打印日期。特殊用纸记录的数据与图谱,应贴于该项目原始记录的适宜处或以附页形式附在后面,并有操作者签名。

原则上每份原始记录只针对一个样品记录,同时符合下列条件的样品可记录于同一份原始记录中:样品编号连续;样品名称一致;生产单位或产地相同;委托单位相同。共用一套原始记录时各样品编号应完整记录,而不应以1、2、3等简写或代号表示。编号不连续的,可对其编号在前的样品按规定进行详细记录,其他编号可注明"见×××编号"后只记录测定数据和计算结果,但对照图谱必须打印(复印)在每个不连续编号的原始记录中。

检验原始记录表头一律用蓝黑墨水笔或碳素笔填写,不得用计算机打印。

表头中的栏目填写不能缺项,没有内容的栏目划"/";其他项内容应经与样品实物核对后填写,并应与样品标识保持一致,特别是有子标识的样品应该明确填写清楚检验用样品的子标识。

检验原始记录中,应写明检验的依据。

检验过程中,可按实验的先后依次记录各检验项目,不强求与标准上的顺序一致。内容包括:项目名称、检验日期。检验或试验结果无论成败(包括必要的复试),均应详细记录、保存。对废弃的数据或失败的实验,应及时分析可能的原因,并在原始记录上说明。原始记录中的计算结果应按有效数字和数值的修约及其运算的要求修约至与规定的有效数字位数一致,不允许连续修约。

检验中使用的标准品、对照品,均应记录其来源、批号、纯度和使用前的处理(如干燥至恒重须将具体数值写出)。

整个检验工作完成后,应将检验原始记录与图谱连续编页码,并注明"第×页,共×页"。所有图谱要求一起附在最后,不要把图谱分开附在各相应项目的原始记录后面。每张图谱均应有标识(如对照品或样品名称、批号、编号、检验项目名称等)、检验者的手写签名。

三、检验报告

(一)检验报告的格式与内容

检验报告是检测机构以计量为基础,标准为依据,对所检产品进行严格检验、正确判定而出具的技术性文件。经食品生产许可核查专家组现场审查通过、能够进行自行出厂检验的企业检验室,其出具的检验报告为企业履行强制检验职责的结果,具有法律效力。因此,检验报告的语言表达要严谨、专业,报告格式要规范,内容要翔实、清晰明了,结构要完整。

一份完整的检验报告应说明检验结果表达所必需的信息,说明所采用的检验方法及所要求的全部信息。应至少包含以下的信息。

标题:"×××(单位名称)检验报告",通常分两行排版,第一行为单位名称,第二行为"检验报告"四字,字体加粗。

检验报告的唯一性标识(编号),应与样品、原始记录的唯一性标识一致,便于保存和查阅。

样品名称、型号规格和/或等级、批号(适用时)、抽样地点,以及检验样品的数量、编号、保质期等:样品的名称按照产品标准称谓或铭牌明示填写,应反映样品的真实属性,不得缩略,样品的规范化通用名称为质量标准上的名称,若需填写商品俗名,应在产品标准的称谓后用括号附注为样品包装上的规范化通用名称;型号规格和/或等级按照铭牌、包装明示的或产品说明书所写的填写。

涉及的抽样情况(适用时),当有抽样的环境条件要求时还应包括环境条件。

检验依据:应填写标准编号、年号及名称;或者填写委托检验书或合同约定的技术文件。

判定原则:判定产品合格与否或符合某个规格等级与否的依据,通常为产品标准的技术要求。

检验项目及其计量单位、技术指标要求(适用时),检验项目应按照产品标准逐项填写。

检验结论:检验结论的用语一定要严密,既不能含糊不清、模棱两可,又不能缺乏依据或前提简化。应为"该产品出厂检验合格"或"该产品出厂检验不合格"。

对报告内容负责的人员(例如检验员、批准人)签名及签署日期。

对出厂检验不合格的产品的处理意见可填写在报告备注栏中。

(二)检验报告的保存

检验报告是检测机构对产品/商品进行检测所得的客观结果的书面表达,是检测机构全部检验工作完毕后的最终"产品",它集中体现了检测机构的科学性、公正性和权威性,是检测机构向社会传递产品质量的重要文件。因此,做好检验报告保存管理工作,是保护顾客和受检单位的合法权益,维护检测机构的公正形象,也是迎接实验室各项检查评审的重要工作之一。因此,检验报告应与原始记录一起及时归档,存放的地方应保持清洁、通风,严禁在室内吸烟、烤火。注意防火、防盗、防潮、防晒、防虫蛀、防鼠咬六防工作。企业的检验报告的保存期限一般为6年以上。

(三)检验报告的保密工作

检验报告是检测机构的"特殊"产品,是企业履行食品安全法定责任的体现,因此,对检验报告档案的调阅、借出、销毁等应经过对企业承担法律责任的负责人审批同意,并及时归档。

第三章 食品理化检测技能

第一节 食品中水分的检测

一、重量法

(一)直接干燥法

1.原理

利用食品中水分的物理性质,在101.3 kPa,101～105 ℃下,采用挥发方法测定样品中干燥减失的重量,包括吸湿水、部分结晶水和该条件下能挥发的物质,通过干燥前后的称量数值计算出水分含量。

2.适用范围

直接干燥法适用于在101～105 ℃下,蔬菜、谷物及其制品、水产品、豆制品、乳制品、肉制品、卤菜制品、粮食(水分含量低于18%)、油料(水分含量低于13%)、淀粉及茶叶类等食品中水分的测定。不适用于水分含量小于0.5 g/100g的样品。

3.仪器

扁形铝制或玻璃制称量瓶。

电热恒温干燥箱。

干燥器:内附有效干燥剂。

天平:感量为0.1 mg。

4.试剂

盐酸(HCl):分析纯。

盐酸溶液(6 mol/L):量取50 mL盐酸,加水稀释至100 mL。

氢氧化钠(NaOH):分析纯。

氢氧化钠溶液(6 mol/L):称取24 g氢氧化钠,加水溶解并稀释至100 mL。

海砂:取用水洗去泥土的海砂或河砂,先用盐酸煮沸0.5 h,用水洗至中性,再用氢氧化钠溶液煮沸0.5 h,用水洗至中性,经105 ℃干燥备用。

5.操作步骤

(1)固态样品

取洁净铝制或玻璃制的扁形称量瓶,置于101~105 ℃干燥箱中,瓶盖斜支于瓶边,加热1.0 h,取出盖好,置干燥器内冷却0.5 h,称量,并重复干燥至前后两次质量差不超过2 mg,即为恒重。将混合均匀的样品迅速磨细至颗粒小于2 mm,不易研磨的样品应尽可能切碎,称取2~10 g样品(精确至0.000 1 g),放入此称量瓶中,样品厚度不超过5 mm,如为疏松样品,厚度不超过10 mm,加盖,精密称量后,置于101~105 ℃干燥箱中,瓶盖斜支于瓶边,干燥2~4 h后,盖好取出,放入干燥器内冷却0.5 h后称量。然后再放入101~105 ℃干燥箱中干燥1 h左右,取出,放入干燥器内冷却0.5 h后再称量。并重复以上操作至前后两次质量差不超过2 mg,即为恒重。注意:两次恒重值在最后计算中,取质量较小的一次称量值。

(2)半固体或液体样品

取洁净的称量瓶,内加10 g海砂(实验过程中可根据需要适当增加海砂的质量)及一根小玻棒,置于101~105 ℃干燥箱中,干燥1.0 h后取出,放入干燥器内冷却0.5 h后称量,并重复干燥至恒重。然后称取5~10 g样品(精确至0.000 1 g),置于称量瓶中,用小玻棒搅匀,放在沸水浴上蒸干,并随时搅拌,擦去瓶底的水滴,置于101~105 ℃干燥箱中干燥4 h后盖好取出,放入干燥器内冷却0.5 h后称量。然后再放入101~105 ℃干燥箱中干燥1 h左右,取出,放入干燥器内冷却0.5 h后再称量。重复以上操作至前后两次质量差不超过2 mg,即为恒重。

6.结果计算

$$X = \frac{m_1 - m_2}{m_1 - m_3} \times 100$$

式中:X——样品中水分的含量,g/100 g;

m_1——干燥前样品与称量瓶(加海砂、玻棒)质量,g;

m_2——干燥后样品与称量瓶(加海砂、玻棒)质量,g;

m_3——称量瓶(加海砂、玻棒)质量,g。

水分含量≥1 g/100 g 时,计算结果保留三位有效数字;水分含量<1 g/100 g 时,计算结果保留两位有效数字。

7.操作条件选择

操作条件选择主要包括:称样量、称量皿规格、干燥设备等的选择。

(1)称样量

测定时称样量一般控制在其干燥后的残留物质量在 1.5~3 g 为宜。对于水分含量较低的固态、浓稠态食品,将称样量控制在 3~5 g;而对于果汁,牛乳等液态食品,通常每份称样量控制在 15~20 g 为宜。

(2)称量皿规格

称量皿分为玻璃称量瓶和铝质称量盒两种。玻璃称量瓶能耐酸碱,不受样品性质的限制,故常用于干燥法。铝质称量盒质量轻,导热性强,但对酸性食品不适宜,常用于减压干燥法。称量皿规格的选择,以样品置于其中平铺开后厚度不超过器皿高的 1/3 为宜。

(3)干燥设备

最好采用风量可调的烘箱。温度计通常处于离上隔板 3 cm 的中心处,为保证测定温度较恒定,并减少取出过程中因吸湿而产生的误差,一批测定的称量皿最好为 8~12 个,并排列在隔板的较中心部位。

8.说明及注意事项

水果、蔬菜样品,应先洗去泥沙后,再用蒸馏水冲洗一次,然后用洁净纱布吸干表面的水分。

测定过程中,称量皿从烘箱中取出后,应迅速放入干燥器中进行冷却,否则不易达到恒重。

干燥器内一般用硅胶作干燥剂,硅胶吸湿后效能会减低,故当硅胶蓝色减退或变红时,需及时换出,置于 135 ℃左右烘 2~3 h,使其再生后再用,硅胶若吸附油脂等后,去湿能力也会大大减低。

糖含量较高的样品,如水果制品,蜂蜜等,在高温下(>70 ℃)长时间加热,其果糖会发生氧化分解作用而导致明显误差,故宜采用减压干燥法测定水分含量。

含有较多氨基酸、蛋白质及羰基化合物的样品,长时间加热则会发生羰氨反应析出水分而导致误差,对此类样品宜用其他方法测定水分含量。

在水分测定中,恒重的标准一般定为1～3 mg,根据食品种类和测定要求而定。

对于含挥发性组分较多的样品,如香料油、低醇饮料等宜采用蒸馏法测定水分含量。

测定水分后的样品,可供测脂肪、灰分含量用。

(二)减压干燥法

1.适用范围

适用于高温易分解的样品及水分较多的样品(如糖、味精等食品)中水分的测定,不适用于添加了其他原料的糖果(如奶糖、软糖等食品)中水分的测定,不适用于水分含量小于0.5 g/100 g的样品(糖和味精除外)。

2.原理

利用食品中水分的物理性质,在达到40～53 kPa压力后加热至60 ℃左右,采用减压烘干方法去除样品中的水分,根据烘干前后的称量数值计算出水分的含量。

3.仪器及装置

真空烘箱(带真空泵)。

扁形铝制或玻璃制称量瓶。

干燥器:内附有效干燥剂。

天平:精确到0.1 mg。

在用减压干燥法测定水分含量时,为了除去烘干过程中样品挥发出来的水分,以及避免干燥后期烘箱恢复常压时空气中的水分进入烘箱,影响测定的准确度。整套仪器设备除必须有一个真空烘箱(带真空泵)外,还需设置一套安全、缓冲的设施,连接几个干燥瓶和一个安全瓶。

4.操作步骤

(1)制备样品

粉末和结晶样品直接称取;较大块硬糖经研钵粉碎,混匀备用。

(2)测定

取已恒重的称量瓶称取2～10 g(精确至0.000 1g)样品,放入真空干燥箱内,将真空干燥箱连接真空泵,抽出真空干燥箱内空气(所需压力一般为40～53 kPa),并同时加热至所需温度(60±5)℃。关闭真空泵上的活塞,停止抽气,使真空干燥箱内保持一定的温度和压力,经4 h后,打开活塞,使空气经干燥装置缓缓通入真空干燥箱内,待压力恢复正常后再打开。取出称量瓶,放入干燥器中0.5 h后称量,并重复以上操作至前后两次质量差不超过2 mg,即为恒重。

5.结果计算

同直接干燥法。

6.说明及注意事项

真空烘箱内各部位温度要求均匀一致,干燥时间短时,更应严格控制。

第一次使用的铝质称量盒要反复烘干两次,每次置于调节到规定温度的烘箱内烘1～2 h,然后移至干燥器内冷却45 min,称重(精确到0.1 mg),求出恒重。第二次以后使用时,通常采用前一次的恒重值,样品为谷粒时,如小心使用可重复20～30次而恒重值不变。

由于直读天平与被称量物之间的温度差会引起明显的误差,故在操作中应力求被称量物与天平的温度相同后再称重,一般冷却时间在0.5～1 h内。

减压干燥时,自烘箱内部压力降至规定真空度时起计算烘干时间。一般每次烘干时间为2 h,但有的样品需5 h。恒重一般以减量不超过0.5 mg时为标准,但对受热后易分解的样品则可以不超1～3 mg的减量值为恒重标准。

二、蒸馏法

(一)适用范围

适用于含水较多又有较多挥发性成分的水果、香辛料及调味品、肉与肉制品等食品中水分的测定,不适用于水分含量小于1 g/100 g的样品。

(二)原理

利用食品中水分的物理化学性质,使用水分测定器将食品中的水分与甲苯或二甲苯共同蒸出,根据接收的水的体积计算出样品中水分的含量。

(三)仪器

水分测定器:水分接收管容量5 mL,最小刻度值0.1 mL,容量误差小于0.1 mL。

天平:感量为0.1 mg。

(四)试剂

甲苯(C_7H_8)或二甲苯(C_8H_{10}):分析纯。取甲苯或二甲苯,先以水饱和后,分去水层,进行蒸馏,收集馏出液备用。

（五）操作步骤

准确称取适量样品（应使最终蒸出的水在2~5 mL,但最多取样量不得超过蒸馏瓶的2/3）,放入250 mL蒸馏瓶中,加入新蒸馏的甲苯（或二甲苯）75 mL,连接冷凝管与水分接收管,从冷凝管顶端注入甲苯,装满水分接收管。同时做甲苯（或二甲苯）的试剂空白。加热缓慢蒸馏,使每秒钟的馏出液为2滴,待大部分水分蒸出后,加速蒸馏约每秒钟4滴,当水分全部蒸出后,接收管内的水分体积不再增加时,从冷凝管顶端加入甲苯冲洗。如冷凝管壁附有水滴,可用附有小橡皮头的铜丝擦下,再蒸馏片刻至接收管上部及冷凝管壁无水滴附着,接收管水平面保持10 min不变为蒸馏终点,读取接收管水层的容积。

（六）结果计算

$$X = \frac{V - V_0}{m} \times 100$$

式中：X——样品中水分的含量,mL/100g（或按水在20 ℃的密度0.998 20 g/cm³计算质量）;

V——接收管内水的体积,mL;

V_0——做试剂空白时接收管内水的体积,mL;

m——样品的质量,g。

（七）说明及注意事项

样品用量：一般谷类、豆类约20 g,鱼、肉、蛋、乳制品为5~10 g,蔬菜、水果约5 g。

有机溶剂：一般用甲苯,其沸点为110.7 ℃,对于在高温易分解样品则用苯作蒸馏溶剂（纯苯沸点80.2 ℃,水苯共沸点则为69.25 ℃）,但蒸馏的时间需延长。

温度不宜太高,温度太高时冷凝管上端水汽难以全部回收;蒸馏时间一般为2~3 h,样品不同,蒸馏时间各异。

为了尽量避免接收管和冷凝管壁附着水滴,仪器必须洗涤干净。

三、仪器法

（一）卡尔·费休法

卡尔·费休法,简称费休法或K-F法,在1935年由卡尔·费休提出的测定水分的容量方法,属于碘量法,对于测定水分最为专一,也是测定水分最为准确的化学方法。

费休法广泛地应用于各种液体、固体及一些气体样品中水分含量的测定，均能得到满意的结果，在很多场合，此法也常被作为水分特别是痕量水分的标准分析方法，用于校正其他测定方法。

1.适用范围

适用于食品中含微量水分的测定，不适用于含有氧化剂、还原剂、碱性氧化物、氢氧化物、碳酸盐、硼酸等食品中水分的测定。卡尔·费休容量法适用于水分含量大于 1.0×10^{-3} g/100g 的样品。

2.原理

费休法的基本原理是利用碘氧化二氧化硫时，需要有定量的水参加反应：

$$SO_2 + I_2 + 2H_2O \rightarrow H_2SO_4 + 2HI$$

但此反应具有可逆性，当硫酸浓度达0.05%以上时，即能发生逆反应，要使反应顺利地向右进行，需要加入适当的碱性物质以中和反应过程中生成的酸。经实验证明，在有吡啶和甲醇共存时，1 mol碘只与1 mol水作用，费休法的滴定总反应式可写为：

$$\left(I_2 + SO_2 + 3C_5H_5N + CH_3OH\right) + H_2O \rightarrow 2C_5H_5N \cdot HI + C_5H_5N\text{–}HSO_4CH_3$$

由此可见，滴定操作所用的标准溶液是含有碘、二氧化硫、吡啶及甲醇的混合溶液，此溶液称为费休试剂。

1 mol水需要与1 mol碘、1 mol二氧化硫和3 mol吡啶及1 mol甲醇反应而产生2 mol氢碘酸吡啶和1 mol甲基硫酸氢吡啶（实际操作中各试剂用量摩尔比为$I_2 : SO_2 : C_5H_5N = 1 : 3 : 10$）。

滴定操作中可用两种方法确定终点：一种是当用费休试剂滴定样品达到化学计量点时，再过量1滴费休试剂中的游离碘即会使体系呈现浅黄色甚至棕黄色，据此即作为终点而停止滴定，此法适用于含有1%以上水分的样品，由其产生的终点误差不大。

另一种方法为双指示电极电流滴定法，也叫永停滴定法，其原理是将两根相似的铂电极插在被滴样品溶液中，给两电极间施加10～25 mV电压，在开始滴定直至化学计量点前，因体系中只存留碘化物而无游离碘，电极间的极化作用使外电路中无电流通过（即微安表指针始终不动），而当过量的1滴费休试剂滴入体系后，由于游离碘的出现使体系变为去极化，则溶液开始导电，外路有电流通过,微安表指针偏转至一定刻度并稳定不变,即为终点,此法更适宜于测定深色样品及微量、痕量水分时采用。

3. 主要仪器

卡尔·费休水分测定仪:KF-1型水分测定仪(上海化工研究院制)或SDY-84型水分滴定仪(上海医械专机厂制)。

天平:感量为0.1 mg。

4. 试剂

无水甲醇:要求其含水量在0.05%以下。量取甲醇约200 mL置于干燥圆底烧瓶中,加光洁镁条15 g与碘0.5 g,接上冷凝装置,冷凝管的顶端和接收器支管上要装上无水氯化钙干燥管,当加热回流至金属镁开始转变为白色絮状的甲醇镁时,再加入甲醇800 mL,继续回流至镁条溶解。分馏,用干燥的抽滤瓶做接收器收集64~65 ℃馏分备用。

无水吡啶:要求其含水量在0.1%以下,吸取吡啶200 mL置干燥的蒸馏瓶中,加40 mL苯,加热蒸馏,收集110~116 ℃馏分备用。

碘:将固体碘置硫酸干燥器内干燥48 h以上。

无水硫酸钠、硫酸。

二氧化硫:采用钢瓶装的二氧化硫或用硫酸分解亚硫酸钠而制得。

水-甲醇标准溶液:每毫升含1 mg水。准确吸取1 mL水注入预先干燥的1 000 mL容量瓶中,用无水甲醇稀释至刻度,摇匀备用。

卡尔·费休试剂:称取85 g碘于干燥的1 L具塞的棕色玻璃试剂瓶中,加入670 mL无水甲醇,盖上瓶塞,摇动至碘全部溶解后,加入270 mL吡啶混匀,然后置于冰水浴中冷却,通入干燥的二氧化硫气体60~70 g,通气完毕后塞上瓶塞,放置暗处至少24 h后使用,

标定:预先加入50 mL无水甲醇于水分测定仪的反应器中,接通仪器电源,启动电磁搅拌器,先用卡尔·费休试剂滴入甲醇中,使其尚残留的痕量水分与试剂作用达到计量点,即为微安表的一定刻度值(45 μA或48 μA),并保持1 min内不变,不记录卡尔·费休试剂的消耗量,然后用10 μL的微量注射器从反应器的加料口(橡皮塞住)缓缓注入10 μL蒸馏水(精确至0.000 1g),此时微安表指针偏向左边接近零点,用卡尔·费休试剂滴定至原定终点,记录卡尔·费休试剂消耗量。

卡尔·费体试剂对水的滴定度按下式计算：

$$T = \frac{m}{V}$$

式中：T——卡尔·费休试剂的滴定度，mg/mL；

m——水的质量，mg；

V——滴定消耗卡尔·费休试剂的体积，mL。

5. 操作步骤

（1）样品处理

固体样品，如糖果必须事先粉碎均匀，视各种样品含水量不同，一般每份被测样品中含水 20 ~ 40 mg 为宜，准确称取 0.3 ~ 0.5 g 样品置于称样瓶中。

（2）测定

在水分测定仪的反应器中加入 50 mL 无水甲醇，使其完全淹没电极并用卡尔·费休试剂滴定 50 mL 甲醇中的痕量水分，滴定至微安表指针的偏转程度与标定卡尔·费休试剂操作中的偏转情况相当并保持 1 min 不变时（不记录试剂用量），打开加料口，迅速将称好的样品加入反应器中，立即塞上橡皮塞，开动电磁搅拌器，使样品中的水分完全被甲醇所萃取，用卡尔·费休试剂滴定至原设定的终点并保持 1 min 不变，记录试剂的用量。

6. 结果计算

$$X = \frac{T \times V}{m} \times 100$$

式中：X——样品中水分的含量，g/100g；

T——卡尔·费休试剂对水的滴定度，mg/mL；

V——滴定所消耗的卡尔·费休试剂体积，mL；

m——样品质量，g。

7. 说明及注意事项

卡尔·费休法只要有现成仪器及配好费休试剂，它是快速而准确地测定水分的方法，除用于食品分析外，还广泛用于测定化肥、医药以及其他工业产品中的水分含量。

固体样品细度以 40 μm 为宜。最好用破碎机处理而不用研磨机，以防水分损失，另外粉碎样品时保证其含水量均匀也是获得准确分析结果的关键。

无水甲醇及无水吡啶适合加入无水硫酸钠保存。

试验证明,对于含有诸如维生素C等强还原性组分的样品不宜用此法测定。

试验表明,卡尔·费休法测定糖果样品的水分等于烘箱干燥法测定的水分加上干燥法烘过的样品再用卡尔·费休法测定的残留水分,由此说明卡尔·费休法不仅可测得样品中的自由水,而且可测出其结合水,即此法所得结果能更客观地反映出样品总水分含量。

(二)红外线干燥法

1.适用范围

红外线干燥法是一种水分快速测定方法,但比较起来,其精密度较差,可作为简易法用于测定2~3份样品的大致水分,或快速检验在一定允许偏差范围内的样品水分含量,一般测定一份试样需10~30 min(依样品种类不同而异),所以,当试样份数较多时,效率反而降低。

2.原理

以红外线灯管作为热源,利用红外线的辐射热与直射热加热试样,高效快速地使水分蒸发,根据干燥前后失重即可求出样品水分含量。

3.仪器及装置

红外线水分测定仪。

4.操作步骤

准确称取适量(一般为0.3~0.5 g)试样在样品皿上摊平,在砝码盘上添加与被测试样质量完全相等的砝码,使其达到平衡状态。调节红外灯管的高度及其电压(能使试样在10~15 min内干燥为宜),开启电源,进行照射,使样品水分蒸发,此时样品质量逐步减轻,相应地,刻度板的平衡指针不断向上移动。随着照射时间的延长,指针的偏移越来越大,为使平衡指针回到刻度板零点位置,可移动装有重锤的水分指针,直至平衡指针恰好又回到刻度板零位,此时水分指针的读数即为所测样品的水分含量。

5.说明及注意事项

市售红外线水分测定有多种形式,除上述仪器外,还有的像烘箱一样装有外圆筒与门,有的具有调节电压、定时、测定数值显示等多种功能。但基本上都是先规定测得结果与标准法(如烘箱干燥法),测得结果相同的测定条件后再使用。即使备有数台同一型号的仪器,也需通过测定已知水分含量的标准样进行校正。更换灯管后,最好也同样进行校正。

试样可直接放入试样皿中,也可将其先放在铝箔上称重,再连同铝箔一起放在试样上。黏性、糊状的样品放在铝箔上摊平即可。

调节灯管高度时,开始要低,中途再升高;调节灯管电压则开始要高,随后再降低。这样既可防止试样分解,又能缩短干燥时间。

根据测定仪的精密度与方法本身的准确程度,分析结果精确到0.1%即可。

第二节　食品中蛋白质的检测

一、蛋白质的定性测定

蛋白质的定性测定通常利用显色反应进行。

(一)蛋白质的一般显色反应

1.氨基黑法

(1)原理

氨基黑10B是酸性染料,其磺基与蛋白质反应构成复合盐,是最常用的蛋白质染料。

(2)操作步骤

经电泳或层析后的滤纸,浸入氨基黑10B醋酸甲醇溶液(13 g氨基黑10B溶解于100 mL冰醋酸和900 mL甲醇,充分摇匀,放置过夜,过滤后可反复使用几次),染色10 min,染色后,用10%醋酸甲醇溶液洗涤5至7次,待背景变成浅蓝色后干燥,于595 nm波长下比色测定。若欲进行洗脱,用0.1 mol/L氢氧化钠浸泡30 min。

聚丙烯酰胺凝胶电泳后染色:用甲醇固定后,在含1%氨基黑10B 0.1 mol/L氢氧化钠溶液中染色5 min(室温),用5%乙醇脱背景,或7%醋酸脱背景底色。用氨基黑10B染SDS-蛋白质时效果不好。如果凝胶中含有碱性离子载体,先用10%三氯醋酸浸泡,每隔2 h换液1次,约10次,再进行染色。

凝胶薄层直接染色:将凝胶薄层放在一定湿度的烘箱内逐步干燥(50 ℃),

没有调温调湿箱时将一张湿滤纸放于烘箱内,以保持一定的湿度。将干燥的薄层板于漂洗液(75 mL甲醇,200 mL水,50 mL冰醋酸)中预处理10 min,然后在染色液(750 mL甲醇,200 mL水,50 mL冰醋酸,在此溶液中加氨基黑10B饱和)中染色5 h,再在漂洗液内洗涤。

（3）优缺点

本法优点是灵敏度较高;缺点是花费时间长,不同蛋白质,染色强度不同。

2. 溴酚蓝法

经电泳或层析后滤纸或凝胶于0.1%溴酚蓝固定染色液(1 g溴酚蓝,100 g氯化汞溶于50%乙醇水溶液中,用50%乙醇稀释至1 000 mL)中浸泡15～20 min,在30%乙醇、5%醋酸溶液中漂洗过夜。如欲洗脱,可用0.1mol/L氢氧化钠溶液。

此法缺点是灵敏度低,某些相对分子质量小的蛋白质可能染不上颜色。

3. 考马斯亮蓝法

（1）原理

该染料和蛋白质是通过范德华力结合的。考马斯亮蓝G-250在稀酸溶液中与蛋白质结合后变为蓝色,其最大吸收波长从465 nm变为595 nm,其蓝色蛋白质染料复合物在595 nm波长下的吸光度与蛋白质含量成正比。

（2）适用范围

考马斯亮蓝法灵敏度比氨基黑高5倍,尤其适用于SDS电泳的微量蛋白质的染色。在594 nm波长下有最大吸收值,蛋白质在1～10 μg呈线性关系。考马斯亮蓝含有较多疏水基团,和蛋白质的疏水区有较大的亲和力,而和凝胶基质的亲和力不如氨基黑,所以用考马斯亮蓝染色时漂洗要容易得多。

（3）实验步骤

经电泳后滤纸或醋酸纤维膜在200 g/L磺基水杨酸溶液中浸泡1 min,取出后放入2.5 g/L考马斯亮蓝R250染色液(配制用的蒸馏水内不含有重金属离子)浸5 min,在蒸馏水或7%醋酸中洗4次,每次5 min,于90 ℃的环境下放置15 min。

聚丙烯酰胺凝胶也可同上处理。在酸性醇溶液中,考马斯亮蓝-兼性离子载体络合物溶解度显著增大,因此能免去清除兼性离子载体的步骤。可运用下列方法之一。

凝胶用10%三氯醋酸固定,在10%三氯醋酸-1%考马斯亮蓝R250(19:1)中室温染色0.5 h,用10%三氯醋酸脱底色。

凝胶浸入预热至60 ℃的0.1%考马斯亮蓝固定染色液(150 g三氯醋酸、45 g磺基水杨酸溶于375 mL甲醇和930 mL蒸馏水的混合液。每1 g考马斯亮蓝R250溶于此混合液1 000 mL中)中约30 min,用酸性乙醇漂洗液(乙醇:水:冰醋酸=25:25:8)洗尽背景颜色。染色后凝胶保存于酸性乙醇漂洗液中。

凝胶浸入考马斯亮蓝固定染色液(2 g考马斯亮蓝R250,溶于100 mL蒸馏水,加2 mol/L硫酸100 mL,过滤除去沉淀,向清液中滴加10 mol/L氢氧化钾至颜色从绿变蓝为止。量体积,每100 mL加入三氯醋酸12 g)中1 h,然后用蒸馏水洗净背景颜色,或在0.2%硫酸溶液中浸泡片刻脱除背景颜色。染色后的凝胶保存于蒸馏水中。

(二)复合蛋白质的显色反应

1.糖蛋白的显色

(1)过碘酸-希夫试剂显色法

第一,试剂。

过碘酸液:1.2 g过碘酸溶解于30 mL蒸馏水中,加15 mL 0.2 mol/L乙酸钠溶液及100 mL乙醇。临用前配制,或保存在棕色瓶中,可用数日。

还原液:5 g碘化钾、5 g硫代硫酸钠溶于100 mL蒸馏水中,加150 mL 95%乙醇及2.5 mL 2 mol/L盐酸。现配现用。

亚硫酸品红液:2 g碱性品红溶解于400 mL沸水中,冷却水50 ℃过滤。在滤液中加入10 mL 2 mol/L盐酸和4 g偏亚硫酸钾($K_2S_2O_5$),将瓶塞拧紧,放在冰箱中过夜,加1 g活性炭,过滤,再逐渐加入2 mol/L盐酸,直至此溶液在玻片上干后不变红色为止,保存在棕色瓶中,冰箱储存,当溶液变红时不可以再用。

亚硫酸盐冲洗液:1 mL浓硫酸、0.4 g偏亚硫酸钾加入100 mL水中。

第二,显色步骤。

将含有样品的滤纸浸在70%乙醇中,片刻后吹干,在高碘酸液中浸5 min,用70%乙醇洗1次,在还原液中浸5~8 min,再用70%乙醇洗1次,用亚硫酸品红液中浸24~25 min,用亚硫酸盐冲洗液洗3次,用乙醇脱水后,放在玻璃板上吹干。

显色结果:在黑灰色的底板上呈现紫红色。

(2)甲苯胺蓝显色法

第一,试剂。

试剂甲:1.2 g过碘酸溶解于30 mL蒸馏水,加15 mL 0.5 mol/L乙酸钠和100 mL 95%乙醇,现配现用。

试剂乙:100 mL甲醇加20 mL冰乙酸及30 mL蒸馏水。

试剂丙:溴水。

试剂丁:10 g/L甲苯胺蓝水溶液。

试剂戊:40 g/L钼酸铵溶液。

第二,操作步骤。

将点有样品的滤纸依次在试剂甲中浸15 min,试剂丙中浸15 min,用自来水漂洗,再在试剂丁中浸30 min,自来水中漂洗至没有蓝色染料渗出30～40 min后,再依次在试剂戊中浸3 min,试剂乙中浸15 min,丙酮中浸2 min后在空气中干燥。

显色结果:糖蛋白部分染成蓝色,背景带有红紫色。

2.脂蛋白的显色

(1)苏丹黑显色法

将0.1 g苏丹黑B溶解于煮沸的100 mL 60%的乙醇溶液,制备成饱和溶液,冷却后过滤2次,备用。显色时将点有样品的滤纸浸于上述溶液,3 h后取出,用50%乙醇溶液洗涤两次,每次15 min,空气中干燥。

聚丙烯酰胺凝胶电泳中预染法:加苏丹黑B到无水乙醇成饱和液,并振摇使乙酰化。用前过滤。按样品液的1/10量加入样品液中染色1 h或4 ℃过夜,染色后的样品再进行电泳。

(2)油红-O显色法

0.04 g油红-O溶解于100 mL 60%乙醇,30 ℃的环境下放置16 h,使其充分饱和后,在30 ℃下滤去多余的染料,澄清液即可用于染色。

将滤纸浸入染料液,在30 ℃下染色18 h后,用水冲洗,使背景变浅,在空气中干燥。脂蛋白为红色,背景为桃红色,本法在30 ℃以下显色时,会引起染料沉淀。

二、蛋白质的定量测定

食品种类繁多,食品中蛋白质含量各异,而其他成分,如碳水化合物、脂肪和维生素等干扰成分也很多。蛋白质含量测定最常用的方法是凯氏定氮法,它是测定总有机氮最准确和操作较简便的经典方法之一,在国内外应用普遍。该法是通过测出样品中的总氮量再乘以相应的蛋白质系数而求出蛋白质的含量的,由于样品中常含有少量非蛋白氮化合物,故此法的测定结果称为粗蛋白质含量。近年来,凯氏定氮法经不断地研究改进,在应用范围、分析结果的准确度、仪器装置及分析操作速度方面均取得了进步。此外,双缩脲法、染料结合法、酚试剂法等也常用于蛋白质含量测定,由于方法简便快速,故多用于生产过程中的质量控制分析。国外采用红外分析仪,利用波长为 $0.75 \sim 3\ \mu m$ 的近红外线具有被食品中蛋白质组分吸收及反射的特性,依据红外线的反射强度与食品中蛋白质含量之间存在的函数关系而建立了近红外光光谱快速定量方法。

(一)凯氏定氮法

1.原理

蛋白质中氮是特征元素,且含量恒定,为16%左右,凯氏定氮法是利用不同蛋白质含氮量较恒定的特点,通过测出样品中的总含氮量,再乘以相应的氮-蛋白质换算系数 F,进而计算出蛋白质含量。

样品与浓硫酸和催化剂一同加热消化,使蛋白质分解,其中碳和氢被氧化成二氧化碳和水溢出,而样品中的有机氮转化为氨,与硫酸结合生成硫酸铵。然后,加碱蒸馏,使氨蒸出,用硼酸吸收后,再以标准盐酸或硫酸溶液滴定,根据盐酸或硫酸标准溶液的消耗量计算出样品的总氮量,再乘以氨-蛋白质换算系数,即为样品蛋白质含量。

(1)消化

消化是指样品与浓硫酸和催化剂一同加热,使有机物彻底氧化分解的过程,样品中的无机成分留在消化液中,欲测蛋白质结构中的氮,首先应将氮分离出来,利用消化可以达到分离氮的目的。

浓硫酸具有脱水性,使有机物脱水后被炭化为碳、氢、氮。浓硫酸又有氧化性,将有机物炭化后的碳氧化成为二氧化碳,硫酸则被还原成二氧化硫。二氧化硫使氮还原为氨,本身则被氧化为三氧化硫,氨随之与硫酸作用生成硫酸铵留在酸性溶液中。总反应式如下：

$$2NH_3(CH_2)2COOH + 13H_2SO_4 = (NH_4)_2SO_4 + 6CO_2 \uparrow + 12SO_2 \uparrow + 16H_2O$$

在消化反应中，为了加速有机物的分解，缩短消化时间，常加入硫酸钾以提高溶液的沸点，从而加快有机物分解。一般纯硫酸的沸点在340 ℃左右，而添加硫酸钾后，可使温度提高至400 ℃以上，原因主要在于随着消化过程中硫酸不断被分解，水分不断溢出，硫酸钾浓度增大，故沸点升高。但硫酸钾加入量不能太大，否则消化体系温度过高又会引起已生成的铵盐发生热分解放出氨造成损失。除硫酸钾外，也可以加入硫酸钠、氯化钾等盐类来提高沸点，但效果不如硫酸钾。反应过程中硫酸铜起催化剂的作用。凯氏定氮法中可用的催化剂种类很多，除硫酸铜外，还有氧化汞、汞、硒粉、二氧化钛等，但考虑到效果、价格及环境污染等多种因素，应用最广泛的是硫酸铜。

随着反应不断进行，待有机物全部被氧化分解后，不再有褐色硫酸亚铜生成，溶液呈现透明的蓝绿色，以此指示到达消化终点。故硫酸铜除起催化剂的作用外，还可利用其颜色指示消化终点，以及下一步蒸馏时作为碱性反应的指示剂。除此之外，当较长时间（3 h以上）不能到达消化终点时，应加入少量过氧化氢、次氯酸钾等强氧化剂以加速有机物氧化分解，但在蛋白质测定的消化过程中不可加入浓硝酸，因为它是含氮氧化剂。

（2）蒸馏

向消化液中加入氢氧化钠溶液使之呈碱性，并加热蒸馏，使氨逸出。

$$2NaOH + (NH_4)_2SO_4 \triangleq 2NH_3 \uparrow + Na_2SO_4 + 2H_2O$$

（3）吸收

加热蒸馏所逸出的氨可用硼酸溶液吸收，氨与硼酸结合形成硼酸铵。

$$2NH_3 + 4H_3BO_3 = (NH_4)_2B_4O_7 + 5H_2O$$

（4）滴定

待氨吸收完全后，再用盐酸标准溶液滴定吸收液，终点微红色，因硼酸呈微弱酸性，用酸滴定不影响指示剂的颜色变化，但它有吸收氨的作用。

$$(NH_4)_2B_4O_7 + 5H_2O + 2HC = 2NH_4Cl + 4H_3BO_5$$

2.适用范围

本方法适用于各种食品的蛋白质含量测定，不适用于添加无机含氮物质、有机非蛋白质含氮物质的食品测定。

3. 试剂

浓硫酸。

硫酸铜-硫酸钾混合粉末(1:10)。

硼酸溶液(2%)。

甲基红乙醇溶液(1 g/L):称取0.1 g甲基红,溶于95%乙醇,用95%乙醇稀释至100 ml。

亚甲基蓝乙醇溶液(1 g/L):称取0.1 g亚甲基蓝,溶于95%乙醇,用95%乙醇稀释至100 ml。

溴甲酚绿乙醇溶液(1 g/L):称取0.1 g溴甲酚绿,溶于95%乙醇,用95%乙醇稀释至100 ml。

混合指示液:2份甲基红乙醇溶液与1份亚甲基蓝乙醇溶液临用时混合。也可用1份甲基红乙醇溶液与5份溴甲酚绿乙醇溶液临用时混合。

氢氧化钠溶液(40%)。

HCl或者硫酸标准溶液(0.005 mol/L)。

4. 仪器及设备

天平:感量为1 mg。

定氮蒸馏装置。

自动凯氏定氮仪。

5. 操作方法

(1)样品处理

称取充分混匀的固体样品0.2 ~ 2 g、半固体样品2 ~ 5 g或液体样品10 ~ 25 g(约当于30 ~ 40 mg氮),精确至0.001 g,移入干燥的100 mL、250 mL或500 mL定氮瓶中,加入0.4 g硫酸铜、6 g硫酸钾及20 mL硫酸,轻摇后于瓶口放一小漏斗,将瓶以45 ℃角斜支于有小孔的石棉网上。小心加热,待内容物全部碳化,泡沫完全停止后,加强火力,并保持瓶内液体微沸,至液体呈蓝绿色并澄清透明后,再继续加热0.5 ~ 1 h。取下放冷,小心加入20 mL水,放冷后,移入100 mL容量瓶中,并用少量水洗定氮瓶,洗液并入容量瓶中,再加水至刻度,混匀备用。同时做试剂空白试验。

（2）测定

安装好定氮蒸馏装置，向水蒸气发生器内装水至2/3处，加入数粒玻璃珠，加甲基红乙醇溶液数滴及数毫升硫酸，以保持水呈酸性，加热煮沸水蒸气发生器内的水并保持沸腾。

（3）蒸馏、吸收与滴定

向接受瓶内加入10.0 mL硼酸溶液及1～2滴混合指示剂，并使冷凝管的下端插入液面下，根据样品中氮含量，准确吸取2.0～10.0 mL样品处理液，由小玻杯注入反应室，以10 mL水洗涤小玻杯并使之流入反应室内，随后塞紧棒状玻塞。将10.0 mL氢氧化钠溶液倒入小玻杯，提起玻塞使其缓缓流入反应室，立即将玻塞盖紧，并水封。夹紧螺旋夹，开始蒸馏。蒸馏10 min后移动蒸馏液接收瓶，液面离开冷凝管下端，再蒸馏1 min。然后用少量水冲洗冷凝管下端外部，取下蒸馏液接收瓶。尽快以硫酸或盐酸标准滴定溶液滴定至终点，不同混合指示液终点颜色为灰蓝色或浅灰红色。同时做试剂空白。

6.结果计算

$$X = \frac{\left(V_1 - V_2\right) \times c \times 0.0140}{m \times V_3/100} \times 100 \times F$$

式中：X——样品中蛋白质的含量，g/100g；

V_1——滴定样品消耗硫酸或盐酸标准滴定液的体积，mL；

V_2——滴定空白吸收液时盐酸标准溶液的消耗体积，mL；

c——硫酸或盐酸标准滴定溶液浓度，mol/L；

0.0140——1.0 mL硫酸或盐酸标准滴定溶液相当的氮的质量，g；

m——称取样品的质量，g；

V_3——吸取消化液的体积，mL；

F——氮换算为蛋白质的系数。

7.注意事项及说明

所用试剂溶液应用无氨蒸馏水配制。

向凯氏烧瓶中加入样品时，注意不要粘到烧瓶颈部的壁上，粉末状样品要用称量纸做成长漏斗送入，黏稠样品要用无灰滤纸或普通滤纸将样品一同送入烧瓶底部，对于黏稠样品，要在空白试验中扣除纸的影响。

消化初期不要用强火，当泡沫消失后可适当加大火力，应保持微沸。

对含水量高的样品,应事先将样品干燥后再称取样品。样品中若含脂肪或糖较多时,消化过程中易产生大量泡沫。为防止泡沫溢出烧瓶,在开始消化时应用小火加热,并不停地摇动;或者加入少量辛醇、液状石蜡或硅油消泡剂,并同时注意控制热源强度。

消化过程中应注意不时转动凯氏烧瓶,以便利用冷凝酸液将附在瓶壁上的固体残渣洗下,并促进其消化完全,防止样品的损失。

当样品消化液不易达到终点时,可将凯氏烧瓶取下冷却后,加入30%过氧化氢2~3 mL后再继续加热消化;不可添加浓硝酸,防止氮的影响。除此之外,可在加完样品、浓硫酸、催化剂后,放置浸泡4 h以上或过夜,对提高消化速度效果明显。

消化液定容冷却后呈现浅蓝色,并有白色硫酸钾沉淀。

若取样量较大,若干样品超过5 g,可按每克样品5 mL的比例增加硫酸用量。

一般消化至呈透明后,继续消化30 min即可,但对于含有特别难以氧化的氮化合物的样品,如含赖氨酸、组氨酸、色氨酸、酪氨酸或脯氨酸等时,须适当延长消化时间。有机物如分解完全,消化液呈蓝色或浅绿色。但含铁量多时,呈较深绿色。

水蒸气发生器中的水要加硫酸酸化,以固定水中的铵离子,蒸馏装置不能漏气。

混合指示剂的变色点为pH值5.1,酸式色为红色,碱式色为灰蓝色。

干扰性物质、非氮源性氨可用三氯乙酸沉淀蛋白质进行分离、分析。

(二)燃烧法

1.原理

样品在900~1 200 ℃高温下燃烧,燃烧过程中产生混合气体,其中的碳、硫等干扰气体和盐类被吸收管吸收,氮氧化物被全部还原成氮气,形成的氮气气流通过热导检测仪(TCD)进行检测。

2.适用范围及特点

本方法适用于蛋白质含量在10 g/100g以上的粮食、豆类、奶粉、米粉、蛋白质粉等固体样品的筛选测定。当称样量为0.1 g时,本方法总氮含量的检出限为0.02%。不适用于添加无机含氮物质、有机非蛋白质含氮物质的食品测定。

整个分析过程仅需要数分钟就能检测出氮含量。本方法与凯氏定氮法相同，不能区分蛋白氮、非蛋白氮。计算蛋白质含量使用不同的换算系数。

3.仪器

氮/蛋白质分析仪。

天平：感量为0.1 mg。

4.操作步骤

称取0.1～1.0 g充分混匀的样品（精确至0.000 1 g），用锡箔包裹后置于样品盘上。样品进入燃烧反应炉（900～1 200 ℃）后，在高纯氧（≥99.99%）中充分燃烧。燃烧炉中的产物（NO_x）被载气二氧化碳运送至还原炉（800 ℃）中，经还原生成氮气后检测其含量。

5.结果计算

$$X = C \times F$$

式中：X——样品中蛋白质的含量，g/100g；

C——样品中氮的含量，g/100g；

F——氮换算为蛋白质的系数。

6.注意事项

在重复性条件下获得的两次独立测定结果的绝对差值不得超过算术平均值的10%，结果保留三位有效数字。

（三）分光光度法

1.原理

食品中的蛋白质在催化加热条件下被分解，分解产生的氨与硫酸结合生成硫酸铵，在pH=4.8的乙酸钠-乙酸缓冲溶液中与乙酰丙酮和甲醛反应生成黄色的3,5-二乙酰-2,6-二甲基-1,4-二氢化吡啶化合物。在波长400 nm下测定吸光度值，与标准系列比较定量，结果乘以换算系数，即为蛋白质含量。

2.适用范围

本方法适用于蛋白质含量在10g/100g以上的粮食，豆类、奶粉、米粉、蛋白质粉等固体样品的筛选测定，不适用于添加无机含氮物质、有机非蛋白质含氮物质的食品测定。

3.试剂和材料

硫酸铜（$CuSO_4 \cdot 5H_2O$）。

硫酸钾（K_2SO_4）。

硫酸（H_2SO4）:优级纯。

氢氧化钠（NaOH）:称取30 g氢氧化钠加水溶解后,放冷,并稀释至100 mL。

对硝基苯酚（C_6H_5NO3）:称取0.1 g对硝基苯酚指示剂溶于20 mL 95%乙醇,加水稀释至100 mL。。

乙酸钠（$CH_3COONa \cdot 3H_2O$）。

无水乙酸钠（CH3COONa）:称取41 g无水乙酸钠或68 g乙酸钠,加水溶解后并稀释至500 mL。

乙酸（CH_3COOH）:优级纯;量取5.8 mL乙酸,加水稀释至100 mL。

甲醛（HCHO,37%）。

乙酰丙酮（$C_5H_8O_2$）。

乙酸钠-乙酸缓冲溶液:量取60 mL乙酸钠溶液与40 mL乙酸溶液混合,该溶液 pH=4.8。

显色剂:15 mL甲醛与7.8 mL乙酰丙酮混合,加水稀释至100 mL,剧烈振摇混匀(室温下放置稳定3 d)。

氨氮标准储备溶液:称取105 ℃干燥2 h的硫酸铵0.472 0 g加水溶解后移于100 mL容量瓶中,并稀释至刻度,混匀。此溶液每毫升相当于1.0 mg氮。

氨氮标准使用溶液:用移液管吸取10.00 mL氨氮标准储备液于100 mL量瓶内,加水定容至刻度,混匀。此溶液每毫升相当于0.1 mg氮。

除非另有规定,本方法中所用试剂均为分析纯,水为GB/T 6682—2008规定的三级水。

4.仪器和设备

分光光度计。

电热恒温水浴锅:(100±0.5)℃。

具塞玻璃比色管:10 mL。

天平:感量为1 mg。

5. 分析步骤

(1) 样品消解

称取充分混匀的固体样品 0.1~0.5 g (精确至 0.001 g)、半固体样品 0.2~1 g (精确至 0.001 g) 或液体样品 1~5 g (精确至 0.001 g),移入干燥的 100 mL 或 250 mL 定氮瓶中,加入 0.1 g 硫酸铜、1 g 硫酸钾及 5 mL 硫酸,摇匀后于瓶口放一小漏斗,将定氮瓶以 45° 角斜支于有小孔的石棉网上。缓慢加热,待内容物全部炭化,泡沫完全停止后,加强火力,并保持瓶内液体微沸,至液体呈蓝绿色澄清透明后,再继续加热 0.5 h。取下放冷,缓慢加入 20 mL 水,放冷后移入 50 mL 或 100 mL 容量瓶,并用少量水洗定氮瓶,洗液并入容量瓶,再加水至刻度,混匀备用。按同一方法做试剂空白试验。

(2) 样品溶液制备

吸取 2.00~5.00 mL 样品或试剂空白消化液于 50 mL 或 100 mL 容量瓶内,加 1~2 滴对硝基苯酚指示剂溶液,摇匀后滴加氢氧化钠溶液中和至黄色,再滴加乙酸溶液至溶液无色,用水稀释至刻度,混匀。

(3) 标准曲线绘制

吸取 0.00 mL、0.05 mL、0.10 mL、0.20 mL、0.40 mL、0.60 mL、0.80 mL 和 1.00 mL 氨氮标准使用溶液 (相当于 0.00 μg、5.00 μg、10.0 μg、20.0 μg、40.0 μg、60.0 μg、80.0 μg 和 100.0 μg 氮),分别置于 10 mL 比色管中。加 4.0 mL 乙酸钠-乙酸缓冲溶液及 4.0 mL 显色剂,加水稀释至刻度,混匀。置于 100 ℃ 水浴中加热 15 min。取出用水冷却至室温后,移入 1 cm 比色皿内,以零管为参比,于波长 400 nm 处测量吸光度值,根据标准各点吸光度值绘制标准曲线或计算线性回归方程。

(4) 样品测定

吸取 0.50~2.00 mL (相当于氮 <100 μg) 样品溶液和同量的试剂空白溶液,分别于 10 mL 比色管中。加 4.0 mL 乙酸钠-乙酸缓冲溶液及 4.0 mL 显色剂,加水稀释至刻度,混匀。置于 100 ℃ 水浴中加热 15 min。取出用水冷却至室温后,移入 1 cm 比色皿内,以零管为参比,于波长 400 nm 处测量吸光度值,样品吸光度值与标准曲线比较定量或代入线性回归方程求出含量。

6. 结果计算

$$X = \frac{(C - C_0) \times V_1 \times V_3}{m \times V_2 \times V_4 \times 1000 \times 1000} \times 100 \times F$$

式中:X——样品中蛋白质的含量,g/100g;

C——样品测定液中氮的质量,μg;

C_0——试剂空白测定液中氮的质量,μg;

V_1——样品消化液定容体积,mL;

V_2——制备样品溶液的消化液体积,mL;

V_3——样品溶液总体积,mL;

V_4——测定用样品溶液体积,mL;

m——样品质量,g;

F——氮换算为蛋白质的系数。

7. 注意事项及说明

以重复性条件下获得的两次独立测定结果的算术平均值表示,蛋白质含量≥1 g/100g时,结果保留三位有效数字;蛋白质含量<1 g/100g时,结果保留两位有效数字。

在重复性条件下获得的两次独立测定结果的绝对差值不得超过算术平均值的10%。

(四)考马斯亮蓝法

1. 原理

考马斯亮蓝 G-250 在稀酸溶液中与蛋白质结合后变为蓝色,其最大吸收波长从 465 nm 变为 595 nm,其蓝色蛋白质染料复合物在 595 nm 波长下的吸光度与蛋白质含量成正比。

2. 适用范围

本方法适用于乳、蛋、豆类食品中蛋白质含量的测定。

3. 试剂和材料

乙醇(95%)。

磷酸(98%)。

考马斯亮蓝 G-250 溶液:称取约 100 mg 考马斯亮蓝 G-250,溶于 50 mL 95% 的乙醇,再加入 100 mL 85% 的磷酸,用水稀释至 1 L,滤纸过滤。

标准物质:牛血清白蛋白(BSA),纯度≥99.0%;精确称取牛血清白蛋白 50 mg,加水溶解并定容至 500 mL,配制成 0.1 mg/mL 的蛋白质标准溶液。

除另有规定外,试剂均为分析纯,水为蒸馏水。

4.仪器和设备

紫外可见分光光度计:波长范围190~900 nm;天平:感量0.000 1 g和0.001 g;超声波清洗器;离心机:转速不低于4 000 r/min;具塞离心管:10 mL;食物粉碎机。

5.测定步骤

(1)样品处理

液体样品:称取混匀样品1 g(精确至0.001 g)于100 mL容量瓶,用水定容至刻度。取部分溶液以4 000 r/min的速度离心15 min,上清液为样品待测液。

固体、半固体样品:称取粉碎匀浆后的样品1 g(精确至0.001 g),用80 mL水洗入100 mL容量瓶,超声提取15 min。用水定容至刻度,取部分溶液以4 000 r/min的速度离心15 min,上清液为样品待测液。

(2)测定

标准曲线绘制:分别吸取蛋白质标准溶液0.0 mL、0.03 mL、0.06 mL、0.12 mL、0.24 mL、0.48 mL、0.72 mL、0.84 mL及0.96 mL于10 mL的比色管中,以上各管蛋白质含量分别为0.0 mg、0.003 mg、0.006 mg、0.012 mg、0.024 mg、0.048 mg、0.072 mg、0.084 mg及0.096 mg,分别加入蒸馏水1.0 mL、0.97 mL、0.94 mL、0.88 mL、0.76 mL、0.52 mL、0.28 mL、0.16 mL及0.04 mL,再分别加入考马斯亮蓝G-250溶液,摇荡均匀,静置2 min。用1 cm比色皿以试剂空白为参比液或调零点,用分光光度计于595 nm处测定吸光度(应在出现蓝色2~60 min完成),以吸光度为纵坐标,标准蛋白质浓度(mg/mL)为横坐标绘制标准曲线。

样品测定:吸取0.5 mL样品待测液(根据样品中蛋白质含量,可适当调节待测液体积),置于10 mL比色管,加0.5 mL蒸馏水,再加5 mL考马斯亮蓝G-250溶液,振荡混匀,静置2 min。用1 cm比色皿以试剂空白为参比液或调零点,用分光光度计于波长595 nm处测定吸光度(应在出现蓝色后2~60 min完成),根据标准曲线计算出样品中蛋白质含量。

6.结果计算

$$X = \frac{(c - c_0) \times V}{m \times 1\ 000} \times 100$$

式中:X——样品中蛋白质的含量,g/100g;

c——从标准曲线得到的蛋白质质量浓度,mg/mL;

c_0——空白试验中蛋白质质量浓度,mg/mL;

V——最终样液的定容体积,mL;

m——测试所用样品质量,g。

计算结果保留到小数点后两位。

7. 注意事项及说明

在重复性条件下获得的两次独立测定结果的绝对差值不得超过算术平均值的10%。

(五)蛋白质的双缩脲比色法

1. 原理

双缩脲与碱及少量硫酸铜溶液作用可生成紫红色的化合物。当尿素缓慢加热至170 ℃左右,2个分子尿素脱去1个氨分子,而生成双缩脲(也叫二缩脲),反应式如下:

$$H_2NCONH_2 + H_2NCONH_2 \xrightarrow{170℃} H_2NCONHCONH_2 + NH_3 \uparrow$$

蛋白质分子中的肽键(—CO—NH—),与双缩脲结构相似,故也能在碱性条件下与铜离子生成显紫红色的化合物(即发生双缩脲反应)。其颜色深浅与蛋白质含量成正比,可在540 nm下比色定量。

2. 适用范围及特点

双缩脲法是一种快速测定可溶性蛋白质的方法,显色程度及颜色基本不受蛋白质种类的影响,即与蛋白质中的氨基酸种类几乎无关,而且几乎不受其他物质的干扰。但其灵敏度较低,在0~10 mg/mL蛋白质含量范围内呈良好的线性关系,所以适用于蛋白质含量较高的样品。已被应用于谷物、大豆、肉类及动物饲料的蛋白质定性测定,还可定量测定分离纯化后的蛋白质,多在生物化学领域中测定蛋白质含量时使用,例如血清总蛋白的测定。

3. 化学试剂

蛋白标准溶液:准确称取已测定蛋白质纯度(用凯氏定氮法)的酪蛋白(或牛血清蛋白),用2 g/L的氢氧化钠溶液配制成10 mg/mL的蛋白标准溶液。

双缩脲试剂:称取1.50 g硫酸铜和6.0 g酒石酸钾钠,溶于500 mL水,在搅拌下加入100 g/L氢氧化钠溶液300 mL,最后用水稀释至1 000 mL。

4.仪器

分光光度计等。

5.操作方法

（1）标准曲线绘制

分别准确吸取蛋白标准溶液0 mL、0.4 mL、0.8 mL、1.2 mL、1.6 mL及2.0 mL于10 mL试管中，然后各加入蒸馏水2.0 mL、1.6 mL、1.2 mL、0.8 mL、0.4 mL及0 mL，再各加入双缩脲试剂4 mL，充分混合后，室温下放置30 min，在540 nm波长下测定各溶液的吸光度，以蛋白质的含量为横坐标，吸光度为纵坐标，绘制标准曲线。

（2）样品测定

准确吸取1.00 mL样品稀释液（使得蛋白质含量在4～20 mg）于10 mL试管中，接上述步骤显色后，在相同条件下测其吸光度。用测得的值在标准曲线上查得相应蛋白质质量，由此计算样品中蛋白质含量。

6.结果计算

$$X = \frac{m_1 \times V_1}{m_2 \times V_2}$$

式中：X——样品中蛋白质的含量，g/100g；

m_1——由标准曲线上查得的蛋白质质量，mg；

m_2——称取样品的质量，g；

V_1——样品定容的体积，mL；

V_2——测定用液的体积，mL。

7.注意事项及说明

脂肪含量高的样品应预先用醚抽出脂肪弃去，否则在反应溶液中会呈现乳白色。

样品中有不溶性成分存在时，会给比色带来困难，可先将蛋白质抽出后再进行测定。

当肽链中含有脯氨酸时，若有大量糖类共存，则显色不好，会使测定值偏低；硫酸铵、三羟甲基氢基甲烷（Tris缓冲液）、某些氨基酸有时也会干扰分析。

高浓度的铵盐会干扰反应。

一些结果须经凯氏定氮法校正，如酪蛋白要用凯氏定氮法确定纯度。

样品可根据蛋白含量进行适当稀释。

方法灵敏度较低,可分析 1 ~ 4 mg 蛋白质。

(六)蛋白质的福林-酚比色法

1. 原理

福林-酚比色法的建立依据是由于蛋白质中存在的酪氨酸与色氨酸,能同磷钼酸-磷钨酸试剂反应生成有色物质。蛋白质在碱性条件下首先与铜离子发生双缩脲反应,再与福林-酚试剂反应,产生蓝色复合物。呈色程度与蛋白质含量成正比,在 650 nm 波长下比色定量。

2. 适用范围及特点

该方法的优点是灵敏度高,是测定可溶性蛋白质含量的经典方法之一。在 0 ~ 0.06 mg/mL 蛋白质范围呈良好的线性关系,测量下限较双缩脲法约小 2 个数量级,比双缩脲法灵敏 50 ~ 100 倍。缺点是费时较长,要严格控制操作时间,标准曲线也不是严格的直线形式,且专一性较差,干扰物质较多。凡干扰双缩脲反应的基团,如—CO—NH$_2$、—CH$_2$—NH$_2$、—CS$_2$—NH$_2$,以及磷酸缓冲液、蔗糖、硫酸铵、巯基化合物均可干扰福林-酚反应,而且对后者的影响还要大得多。此外,酚类、柠檬酸对此反应也有干扰作用。此方法广泛应用于生物化学领域。

3. 化学试剂

A 液:1 g 碳酸钠溶于 50 mL 的 0.1 mol/L 氢氧化钠溶液中。

B 液:将 1% 硫酸溶液和 20 g/L 酒石酸钠(钾)溶液等体积混合配成。

福林-酚试剂甲:由 A 液 50 mL 和 B 液 1 mL 混合而成。现用现配。

福林-酚试剂乙:用 2 000 mL 的回流装置,向锥形瓶中加入 100 g 钨酸钠、25 g 钼酸钠及 700 mL 蒸馏水,再加入 50 mL 的 85% 磷酸溶液及 100 mL 浓盐酸,充分混合,连接回流装置,以小火加热回流 10 h。回流完毕,加入 150 g 硫酸锂、50 mL 蒸馏水及数滴液体溴,开口继续沸腾 15 min,以便除去过量的溴,冷却后加水定容至 1 000 mL,过滤,滤液呈微绿色,置于棕色瓶中保存。使用时用氢氧化钠标准溶液滴定,以酚酞作为指示剂,最后用蒸馏水稀释 1 倍左右,使最终浓度为 1.0 mol/L。

蛋白标准溶液:准确称取已测定蛋白质纯度(用凯氏定氮法)的酪蛋白(或牛血清蛋白),配制成 150 μg/mL 蛋白标准溶液。

4.仪器

分光光度计。

5.操作方法

(1)标准曲线的绘制

分别吸取蛋白标准溶液 0 mL、0.2 mL、0.4 mL、0.6 mL、0.8 mL 及 1.0 mL 于 10 mL 试管中,然后各加入蒸馏水 1.0 mL、0.8 mL、0.6 mL、0.4 mL、0.2 mL 及 0 mL(即各管补足 1.0 mL),加入福林-酚试剂甲 3.0 mL,置于室温(18～25 ℃)10 min,再加入福林-酚试剂乙 0.3 mL,立即混匀,37 ℃条件下保温 30 min,在 650 nm 波长下测定各溶液的吸光度(A 值),以蛋白质的含量为横坐标,吸光度为纵坐标,绘制标准曲线。

(2)样品测定

吸取 1.00 mL 样品稀释液(使得蛋白质含量在 30～120 μg),以下各步同标准曲线的绘制,在 650 nm 下测定 A 值,依据 A 值在标准曲线查得相应的蛋白质质量,计算出样品中蛋白质的含量。

6.结果计算

$$X = \frac{m_1 \times V_1 \times 1000}{m_2 \times V_2}$$

式中:X——样品中蛋白质的含量,mg/100g;

m_1——根据试液的 A 值由标准曲线上查得的蛋白质质量,μg;

m_2——称取样品的质量,g;

V_1——样品定容的体积,mL;

V_2——测定用液的体积,mL。

7.注意事项及说明

福林-酚试剂乙在酸性条件下较稳定,而福林-酚试剂甲是在碱性条件下与蛋白质作用生成碱性的铜-蛋白质溶液。福林-酚试剂乙加入后,应迅速摇匀(加一管摇一管),使还原反应产生在磷钼酸-磷钨酸试剂被破坏之前。

血清稀释的倍数应使蛋白质含量在标准曲线范围之内,若超过此范围则须将血清酌情稀释。

硫酸铵、Tris缓冲液、甘氨酸、各种硫醇等有时会干扰分析。

该方法相对耗费时间长,过程要严格计时,颜色深浅随不同蛋白质变化。

灵敏度较高,可分析20～100 μg蛋白质。

(七)蛋白质紫外光谱单波长吸收法

1. 原理

蛋白质分子含有酪氨酸、色氨酸、苯丙氨酸等及其降解产物(脲、胨、肽和氨基酸)的芳香环残基苯环及肽链结构,对紫外光具有选择性吸收。最大吸收波长为280 nm,光吸收程度与蛋白质浓度呈线性关系,据此可以进行定量。

2. 适用范围及特点

该法迅速,简便,不消耗样品,低浓度盐类不干扰测定,可测定0.1～1.0 mg/mL的蛋白质溶液。但由于许多非蛋白质成分在紫外光区也有吸收作用,会对测定形成干扰,所以适用于经纯化的样品,可用于测定牛乳的蛋白质含量,也可用于测定小麦面粉、糕点,豆类、蛋黄及肉制品中的蛋白质含量。

3. 化学试剂

柠檬酸水溶液(2%)。

48%尿素的8%氢氧化钠溶液。

4. 仪器

紫外分光光度计。

5. 操作方法

(1)标准曲线绘制

准确称取样品2.00 g,置于50 mL烧杯中,加入2%柠檬酸溶液30 mL,不断搅拌10 min,使其充分溶解,移入50 mL容量瓶,并以2%柠檬酸溶液定容至刻度。然后用4层纱布过滤于玻璃离心管中,以3 000～5 000 r/min的速度离心5～10 min,分别吸取上清液1.0 mL、2.0 mL、3.0 mL、4.0 mL、5.0 mL及6.0 mL于25 mL比色管中,各加入48%尿素的8%氢氧化钠溶液并定容至刻度,充分振摇2 min,若浑浊,再次离心直至透明为止。将透明液置于比色皿中,以48%尿素的8%氢氧化钠溶液作为参比溶液,在280 nm波长处测定各溶液的吸光度。可事先用凯氏定氮法测得的样品中蛋白质的质量,然后计算出上述各溶液蛋白质质量(mg),以此为横坐标,相应的吸光度为纵坐标,绘制标准曲线。

(2)测定

准确称取样品1.00 g,如前处理,吸取上清液5.0 mL。按标准曲线绘制的操作条件测定其吸光度,从标准曲线中查出蛋白质的含量。

6.结果计算

$$X = \frac{m_1 \times V_1}{m_2 \times V_2} \times 1000$$

式中:X——蛋白质含量,mg/100g:

m_1——根据试液的 A 值由标准曲线上查得的蛋白质质量,μg;

m_2——称取样品的质量,g;

V_1——样品定容的体积,mL;

V_2——测定用液的体积,mL。

7.注意事项及说明

测定牛乳样品时的操作步骤:准确吸取混合均匀的样品 0.2 mL 于 25 mL 比色管中,用 95% ~ 97% 的冰乙酸稀释至标线,摇匀,以 95% ~ 97% 冰乙酸为参比液,于 280 nm 波长处测定吸光度,并用标准曲线法确定样品蛋白质含量(标准曲线以采用凯氏定氮法已测出蛋白质含量的牛乳标准样绘制)。

测定糕点时,应将表皮的颜色去掉。

温度对蛋白质水解有影响,操作温度应控制在 20 ~ 30 ℃。

各种嘌呤和嘧啶、各种核苷酸、芳香族化合物、多肽可能干扰分析。

方法灵敏度较高,可分析 5 ~ 100 μg 蛋白质。分析速度较快,在几分钟内可完成样品分析。

(八)蛋白质紫外光谱双波长比值法

1.原理

凡是具有共钜双键的物质,在紫外区均具有吸收性。因此,若样品中含核酸,则嘌呤、嘧啶两类碱基对蛋白质的测定产生干扰,应加以校正。核酸对紫外光有很强的吸收,在 280 nm 波长处的吸收比蛋白质强 10 倍(每克),但核酸在 260 nm 波长处的吸收更强,其吸收高峰在 260 nm 附近。核酸在 260 nm 波长处的消光系数是 280 nm 波长处的 2 倍,而蛋白质则相反,280 nm 波长紫外吸收值大于 260 nm 波长的吸收值。通常纯蛋白质的光吸收比值:$A_{280}/A_{260} > 1.8$,纯核酸的光吸收比值:$A_{280}/A_{260} > 0.5$。

2.适用范围及特点

此方法主要针对富含核酸的样品,可以通过校正将干扰消除。但是,由于不同的蛋白质和核酸对紫外光吸收程度不同,校正后的测定结果还存在一定的误差。

3. 化学试剂及仪器

高纯水。

紫外分光光度计。

4. 操作方法

取一定量的样品稀释液,分别测出样品的 280 nm 和 260 nm 波长处的 A 值,计算出 A_{280}/A_{260} 的比值后,查出校正因子 F 值,同时可查出该样品内混杂的核酸质量分数。

5. 结果计算

(1)校正法

$$X = \frac{m_1 \times V_1 \times F}{m_2 \times V_2} \times 100$$

式中:X——蛋白质含量,mg/100g;

m_1——根据试液的 A_{280} 从标准曲线上查得的蛋白质质量,mg;

m_2——称取样品的质量,g;

V_1——样品定容的体积,mL;

V_2——测定用液的体积,mL;

F——根据 A_{280}/A_{260} 从表查得的校正因子。

(2)经验公式法

$$X = (1.45A_{280} - 0.74A_{260}) \times \frac{V_1}{m_1 \times V_2} \times 100$$

式中:X——蛋白质含量,mg/100g;

A_{280}——280 nm 波长处测得的吸光值;

A_{260}——260 nm 波长处测得的吸光值;

m_1——称取样品的质量,g;

V_1——样品定容的体积,mL;

V_2——测定用液的体积,mL。

6. 注意事项及说明

经验公式是通过一系列已知不同浓度比例的蛋白质(酵母烯醇化酶)和核

酸(酵母核酸)的混合液所测定的数据来建立的。通过计算可以适当校正核酸对测定蛋白质浓度的影响。

(九)蛋白质近红外分析法

1.原理

构成食品的物质分子能对近红外、中红外、远红外光区的辐射产生吸收。因食品物质分子中不同的官能团振动频率的不同,导致当连续红外光照射在被测样品时,其会对不同频率的辐射光产生特征吸收,从而形成一个红外吸收光谱图。针对所要测的成分,用红外光照射样品,通过测定样品吸收光或透过光的能量(与吸收光的能量成反比)可以预测其成分的浓度。蛋白质的多肽等基团在中红外和近红外光区(如 3 300 ~ 3 500 nm,2 080 ~ 2 220 nm 及 1 560 ~ 1 670 nm)有特征吸收,吸收程度与蛋白质含量存在一定关系,可用于测定食品中蛋白质含量。

2.仪器设备

近红外光谱仪。

分析天平。

3.操作方法

以大豆蛋白质含量为分析对象,选取40粒完整的大豆样品(蛋白质含量在36.0% ~ 40.0%)作为校正集,首先用近红外光谱仪扫描完整豆粒,得到光谱数据,然后将豆粒粉碎后用凯氏定氮法测定其蛋白质含量,与近红外光谱法得到的数据用多元线性回归软件进行关联,建立校正模型,得回归方程如下

$$Y = 6 + a_1X_1 + a_2X_2 + a_3X_3 + a_4X_4 + a_5X_5$$

式中:Y——大豆蛋白质含量,%;

X_1、X_2、X_3、X_4、X_5——分别为大豆在 1 680 nm,1 720 nm,1 940 nm,2 000 nm 和 2 180 nm 处的吸光度。

利用校正模型(即定标方程)对另外20粒验证集的大豆样品进行预测,根据验证集的样本的相关系数和标准偏差,判断模型相关性,相关性好的模型可以使用。

凯氏定氮法测定蛋白质含量时,样品需粉碎后才能进行测定,而校正模型建立好后,即可利用近红外技术在只要知道以上5点波长处的吸光度的条件下便可实现对样品完整豆粒的无损直接测定,既不会对环境造成污染,又可节约

大量试剂费用,且可在1 min内测出检测结果。

4.注意事项及说明

被分析样品及组分是已知的。

近红外光谱定量分析数学模型的建立要依赖于标准方法或经典分析方法,所以是间接法或称二级法。

需采集大量的样品,样品应代表被测组分含量范围,即涵盖面要广。

样品既要测量红外光谱,同时也要用标准方法进行含量测定。

将标准方法测定数据结果与样品的红外光谱相关联,建立分析数学模型(校正模型),也称定标方程。

近红外光谱定量法的前期工作量大,建立数学模型需要采集大量定标样品,花费人力多、物力大、成本高,需要进行反复试验,但是一旦建立起可用的数学模型,便能够实现红外光谱分析标准化,做到模型库共享,使以后的分析变得简单而快捷。

第三节　食品中脂肪的检测

一、索氏抽提法

(一)原理

样品用无水乙醚或石油醚等溶剂抽提后,蒸去溶剂所得的物质,在食品分析上称为脂肪或粗脂肪,因为除脂肪外,还含色素及挥发油、蜡、树脂等物。索氏抽提法所测得的脂肪为游离脂肪。

(二)试剂和材料

无水乙醚($C_4H_{10}O$);石油醚(C_nH_{2n+2}):石油醚沸程为30~60 ℃;石英砂;脱脂棉。

(三)仪器

索氏提取器;恒温水浴锅;分析天平:感量0.001 g和0.000 1 g;电热鼓风干燥箱;干燥器:内装有效干燥剂,如硅胶;纸筒;蒸发皿。

（四）分析步骤

1. 样品处理

固体样品：精密称取 2~5 g（可取测定水分后的样品）样品，准确至 0.001 g，全部移入滤纸筒内。

液体或半固体样品：称取 5.0~10.0 g 混匀后样品，准确至 0.001 g，置于蒸发皿中，加入石英砂约 20 g，于沸水浴上蒸干后，在电热鼓风干燥箱于 95~105 ℃干燥，研细，全部移入滤纸筒内。蒸发皿及附有样品的玻棒，均用沾有乙醚的脱脂棉擦净，并将棉花放入滤纸筒内。

2. 抽提

将滤纸筒放入脂肪抽提器的抽提筒内，连接已干燥至恒量的接收瓶，由抽提器冷凝管上端加入无水乙醚或石油醚至瓶内容积的 2/3 处，于水浴上加热，使乙醚或石油醚不断回流提取，一般抽取 6~12 h。提取结束时，用磨砂玻璃棒接取 1 滴提取液，磨砂玻璃棒上无油斑表明提取完毕。

3. 称量

取下接收瓶，回收乙醚或石油醚，待接收瓶内溶剂剩余 1~2 mL 时在水浴上蒸干，再于 95~105 ℃干燥 1 h，放干燥器内冷却 0.5 h 后称量。重复以上操作直至恒重。

（五）结果计算

$$X = \frac{m_1 - m_0}{m_2} \times 100$$

式中：X——样品中脂肪的含量，g/100g；

m_1——接收瓶和脂肪的质量，g；

m_0——接受瓶的质量，g；

m_2——样品的质量，g。

二、酸水解法

（一）原理

样品经酸水解后用乙醚提取，除去溶剂即得游离及结合脂肪总量。酸水解法测得的为游离及结合脂肪的总量。

（二）仪器

100 mL具塞刻度量筒。

（三）操作

样品处理如下。

固体样品：精密称取约2 g，置于50 mL大试管内，加8 mL水，混匀后再加10 mL盐酸。

液体样品：称取10.0 g，置于50 mL大试管内，加10 mL盐酸。

将试管放入70~80 ℃水浴，每隔5~10 min以玻璃棒搅拌一次，至样品消化完全为止，约40~50 min。

取出试管，加入10 mL乙醇，混合。冷却后将混合物移于100 mL具塞刻度量筒中，以25 mL乙醚分次洗试管，一并倒入量筒中。待乙醚全部倒入量筒后，加塞振摇1 min，小心开塞，放出气体，再塞好，静置12 min。然后小心开塞，并用石油醚-乙醚等量混合液冲洗塞及筒口附着的脂肪。静置10~20 min，待上部液体清晰，吸出上清液于已恒量的锥形瓶内，再加5 mL乙醚于具塞刻度量筒内，振摇，静置后，仍将上层乙醚吸出，放入原锥形瓶内。将锥形瓶置水浴上蒸干，置（100±5）℃烘箱中干燥2 h，取出放干燥器内冷却0.5 h后称量，重复以上操作至恒重。

（四）结果计算

同索氏抽提法。

第四节　食品中碳水化合物的检测

一、糖的测定

（一）糖的提取

食品中的可溶性糖通常指葡萄糖、果糖等游离单糖，以及蔗糖等低聚糖。测定可溶性糖时一般需选择适当的溶剂提取样品，然后对提取液进行纯化，排除干扰物质，才能测定。

1.常用的提取剂

提取糖类一般以中性水作为提取剂,温度一般控制在40~50 ℃。温度不能过高,否则部分可溶性淀粉和糊精也可被提取。同时水提液中还可能含有色素、蛋白质、可溶性果胶、可溶性淀粉、有机酸等干扰物质,特别是在乳与乳制品,水果及其制品,大豆及其制品中干扰成分较多。

乙醇水溶液也是常见的糖类提取剂,通常浓度控制在70%~75%。如果样品含水量较高,混合后乙醇的最终浓度也应控制在上述范围。乙醇提液不用除去蛋白质,因为蛋白质、淀粉和糊精等大分子物质不溶解于高浓度的乙醇水溶液。

2.样品制备的原则

确定合适的取样量和稀释倍数,要充分考虑所采用分析方法的检测范围;一般提取液经纯化和可能的转化后,含糖量应控制在0.5~3.5 mg/mL。

对含脂肪的食品(比如乳酸、巧克力、蛋黄酱及蛋白杏仁糖等)需经脱脂后再进行提取;一般以石油醚脱脂处理1次或多次,倾去石油醚层,然后用水提取。

对含有大量淀粉和糊精的食品(比如粮谷制品、淀粉类蔬菜及调味品等),宜采用乙醇溶液提取;用水提取会使部分淀粉、糊精溶出,影响测定,同时过滤困难。乙醇水溶液提取时,可采取加热回流,然后冷却离心,倾出上清液,如此提取2或3次,合并提取液,浓缩,除去乙醇。

应保持提取液呈中性状态,避免提取过程中低聚糖的水解及单糖的分解。

(二)提取液的澄清

通常最初所得的提取液中,除含有单糖和低聚糖等可溶性糖类外,还不同程度地含有一些杂质,如色素、蛋白质、可溶性果胶、可溶性淀粉、有机酸、氨基酸、单宁等。这些成分的存在使提取液呈一定颜色或浑浊状态,影响测定终点的观察;也可能在测定过程中与被测组分或分析试剂发生化学反应,影响分析结果的准确性;胶态物质的存在还会给过滤带来困难。因此,需要把干扰杂质除去。常用的除杂质方法主要采用澄清剂沉淀法。

1.澄清剂的要求

作为糖类澄清剂的物质必须满足以下几个条件:①能较完全地除去干扰物质;②不吸附或沉淀被测糖分,也不改变被测糖分的理化性质;③过剩的澄清剂应不干扰后面的分析操作或易于去除。

2.常用的澄清剂

糖类分析中较常用的澄清剂有以下几种。

(1)中性乙酸铅

这是食品分析中常用的一种澄清剂。铅离子能与很多离子结合,生成难溶沉淀物,同时吸附除去部分杂质。它能除去蛋白质、单宁、有机酸、果胶,还能凝聚其他胶体。它的作用较可靠,不会使还原糖从溶液中沉淀出来,在室温下也不会形成可溶性的铅糖。但它脱色力差,不能用于深色样液的澄清。它适用于植物性样品、浅色的糖及糖浆制品、果蔬制品、焙烤制品等。

(2)乙酸锌和亚铁氰化钾溶液

澄清效果良好,生成的氰亚铁酸锌沉淀,可以挟走蛋白质,发生共同沉淀作用,但脱色能力差,适用于色泽较浅、蛋白质含量较高的样液的澄清,如乳制品、豆制品等。用高锰酸钾滴定法测定还原糖时不能用乙酸锌-亚铁氰化钾溶液澄清样液,以免样液中引入二价铁离子。

(3)硫酸铜-氢氧化钠溶液

在碱性条件下,铜离子可使蛋白质沉淀,适用于富含蛋白质样品的澄清,但不适宜在以铜离子作为定量反应的测定方法中使用。例如,用直接滴定法测定还原糖时,不能用硫酸铜-氢氧化钠溶液澄清样品,以免样液中引入铜离子。

(4)碱性乙酸铅

这种澄清剂能除去蛋白质、色素、单宁、有机酸,又能凝聚胶体,但其可生成体积甚大的沉淀,可带走还原糖,特别是果糖。过量的碱性乙酸铅可因其碱度及铅糖的形成而改变糖类的旋光度。此澄清剂用以处理深色的蔗糖溶液,以供旋光仪测定之用。

(5)氢氧化铝(铝乳)

氢氧化铝能凝聚胶体,但对非胶态杂质的澄清效果不好。可用作浅色糖溶液的澄清剂,或可作为附加澄清剂。

(6)活性炭

活性炭是以木炭、木屑、果核壳、焦炭等为原料制得的高纯度的且具有高吸附性能力的炭。其为黑色固体,无臭、无味,具有多孔结构,表面积十分庞大,对气体、蒸汽或胶状固体有强大的吸附力。1 g粉状活性炭的总表面积可达1 000 m²,活性炭与溶质分子间的吸引力是静电吸附、物理吸附、化学吸附三种力联合作用的结果。活性炭之所以能将杂质除去,除了上述的吸附作用外,同时兼有机械过滤作用。活性炭能除去植物样品中的色素,适用于颜色较深的提取液,但能吸附糖类,造成损失,特别可使蔗糖的损失率达6% ~ 8%,这一缺点限制了其在糖类分析上的应用,使用时需做回收率实验。

(7)膜分离

膜是具有选择性分离功能的材料,利用膜的选择性分离实现料液的不同组分的分离、纯化、浓缩的过程称作膜分离。它与传统过滤的不同在于,膜可以在分子范围内进行分离,并且这个过程是一种物理过程,不需发生相的变化和添加助剂。膜的孔径一般为微米级,依据其孔径的不同(或称为截留分子量),可将膜分为微滤膜、超滤膜、纳滤膜和反渗透膜。

微滤(MF)又称微孔过滤,孔径范围在0.1 ~ 1 μm,能对大直径的菌体、悬浮固体等进行分离。超滤(UF)是介于微滤和纳滤之间的一种膜过程,通常截留分子量范围在1 ~ 500 kDa,故超滤膜能对大分子有机物(如蛋白质、细菌)、胶体、悬浮固体等进行分离。纳滤(NF)是介于超滤与反渗透之间的一种膜分离技术,其截留分子量在80 ~ 1 000 Da,孔径为数纳米。反渗透(RO)是利用反渗透膜只能透过溶剂(通常是水)而截留离子物质或小分子物质的选择透过性,以膜两侧静压为推动力,实现的对液体混合物分离的膜过程。糖类物质的分子量在数百Da,而色素及蛋白质等大分子分子量一般在数千Da以上,因此可选用截留分子量为500 ~ 1 000 Da的膜,将溶液用该膜过滤,大分子物质被截留,而糖类物质流出,从而避免这些大分子干扰成分对糖类测定的影响。

除上述澄清剂外,硅藻土、六甲基二硅烷等也可作为澄清剂。澄清剂的种类很多,各种澄清剂的性质不同,澄清效果也各不一样,使用澄清剂应根据样液的种类、干扰成分及含量测定加以选择,同时还必须考虑所采用的分析方法。

通常避免使用过量澄清剂。若用铅盐澄清法(或称加铅澄清法),过量试剂会使分析结果失真。甚至中性醋酸铅之类安全的澄清剂,用量也不能过大。当样品试液在测定过程中进行加热时,铅将与糖类反应,生成铅糖,产生误差。要使这些误差为最小,应使用最少量的澄清剂。也可加入除铅剂来避免铅糖的产生,常见的除铅剂有草酸钾、草酸钠、硫酸钠、磷酸氢二钠等,其用量亦不宜过多。

(三)提取和澄清实例

1.新鲜果蔬样品

将样品洗净、擦干,并除去不可食部分。准确称取平均样品 10～25 g,研磨成浆状(对于多汁的果蔬样品,如西瓜、葡萄、柑橘等,可直接榨取果汁后,吸取 10～25 mL 果汁液),用约 100 mL 水,分数次将样品转入 250 mL 容量瓶。然后用碳酸钠溶液(150 g/L)调整样液至微酸性,置于 80 ℃水浴加热 30 min。

冷却后加入中性乙酸铅溶液(100 g/L)沉淀蛋白质等干扰物质,加至不再产生雾状沉淀为止。再加入同浓度的硫酸钠溶液以除去多余的铅盐。摇匀,用水定容至刻度,静置 15～20 min 后,用干燥滤纸过滤,滤液则是待测糖提取液。

2.干果类样品

准确称取经干燥、粉碎过的均匀样品 5～10 g,置于 250 mL 锥形瓶中,加入 50 mL 82% 的乙醇溶液,在 50 ℃水浴加热 30 min,并经常搅拌。随后,将上层清液过滤于干燥烧杯,残渣留在锥形瓶内。用乙醇同上法重复提取 2～3 次,再用少量 50 ℃ 82% 的乙醇溶液清洗残渣,洗涤液合并入烧杯。在水浴上蒸发掉提取液中的乙醇溶液,然后加热水将提取物洗入 250 mL 锥形瓶,冷却后定容至刻度,用干燥滤纸过滤,滤液备用。用乙醇溶液作为提取剂时,因蛋白质溶出量少,所以提取液不必除蛋白。

3.乳、乳制品及含蛋白的冷食类

准确称取 2.5～5 g 固体样品(或吸取 25.0～50.0 mL 液体样品),用 50 mL 水分数次溶解样品,并洗入 250 mL 容量瓶。摇匀后,缓慢加入 5 mL 醋酸锌溶液和 5 mL 亚铁氰化钾溶液,加水至刻度。摇匀,静置 30 min。用干燥滤纸过滤,弃去初滤液,续滤液则是待测糖提取液。

4.酒精性饮料

吸取液体样品 100.0 mL 置于蒸发皿中,用氢氧化钠溶液(1 mol/L)中和到中性,在水浴上蒸发至原体积的 1/4 后,移入 250 mL 容量瓶,加水 50 mL,摇匀。缓慢加入 5 mL 醋酸锌溶液和 5 mL 亚铁氰化钾溶液,加水至刻度。摇匀,静置 30 min。用干燥滤纸过滤,弃去初滤液,续滤液则是待测糖提取液。

（四）还原糖的测定

还原糖是指分子结构中具有还原性基团的糖类,分子中的游离醛基或酮基和半缩醛羟基都属于还原性基团。葡萄糖、果糖等单糖分子中含有游离醛基或酮基,乳糖和麦芽糖分子中含有游离的半缩醛羟基,因而它们具有还原性,都是还原糖。非还原糖性糖类,如双糖(蔗糖、淀粉等)、三糖和多糖(如糊精、淀粉等)本身不具有还原性,但可以通过水解形成具有还原性的单糖后再测定,然后换算成样品中相应糖类的含量。糖类的测定是以还原糖的测定为基础的。

还原糖的测定方法很多,其中有碱性铜盐法、铁氰化钾法、苯酚-硫酸法、酶-比色法等。

1.碱性铜盐法

碱性酒石酸铜溶液由甲液与乙液组成。甲液为硫酸铜溶液,乙液为酒石酸钾钠及氢氧化钠等配成的溶液。当甲液、乙液混合后,在沸腾条件下与还原糖接触,还原糖将碱性酒石酸铜溶液的二价铜离子还原为一价铜离子,进一步生成砖红色的氧化亚铜沉淀。碱性铜盐法分为直接滴定法、高锰酸钾滴定法、萨氏法、蓝-埃农法等。

（1）直接滴定法

原理:费林试剂是氧化剂,由甲、乙两种溶液组成。甲液含硫酸铜、亚甲基蓝(氧化还原指示剂);乙液含氢氧化钠、酒石酸钾钠和亚铁氰化钾。将一定量的甲液和乙液等体积混合后,生成可溶性的络合物酒石酸钾钠铜;在加热条件下,用样液滴定,样液中的还原糖与酒石酸钾钠铜反应,生成红色的氧化亚铜沉淀,氧化亚铜沉淀再与试剂中的亚铁氰化钾反应生成可溶性无色化合物,便于观察滴定终点。滴定时以亚甲基蓝为氧化-还原指示剂。亚甲基蓝氧化能力比二价铜弱,待二价铜离子全部被还原后,稍过量的还原糖可使蓝色的氧化型亚甲基蓝还原为无色的还原型亚甲基蓝,即达滴定终点。根据消耗样液量可计算出还原糖含量。

适用范围及特点:本方法适用于食品中还原糖含量的测定。本法又称快速法,是在蓝-埃农滴定法基础上发展起来的,其特点是试剂用量少,操作和计算都比较简便、快速,滴定终点明显,适用于各类食品中还原糖的测定。但测定酱油、深色果汁等样品时,因色素干扰,滴定终点常常模糊不清,影响准确性

(可采用超滤膜过滤去除色素等)。另外,该方法因反应条件(电炉的功率、试剂的浓度、滴定速度等)的不同,还原糖与碱性铜盐的反应摩尔比不同。

主要试剂如下。

盐酸溶液(1+1):量取盐酸50 mL,加水50 mL混匀。

碱性酒石酸铜甲液:称取15 g硫酸铜及0.05 g亚甲基蓝,溶于水中并稀释到1 000 mL。

碱性酒石酸铜乙液:称取50 g酒石酸钾钠及75 g氢氧化钠,溶于水中,再加入4 g亚铁氰化钾,完全溶解后,用水稀释至1 000 mL,贮存于橡皮塞玻璃瓶中。

乙酸锌溶液:称取21.9 g乙酸锌,加3 mL冰醋酸,加水溶解并稀释到100 mL。

亚铁氰化钾溶液:称取10.6 g亚铁氰化钾溶于水并稀释至100 mL。

氢氧化钠溶液:称取氢氧化钠4 g,加水溶解后,放冷,并定容至100 mL。

葡萄糖标准溶液:准确称取经过98～100 ℃烘箱中干燥2 h后的葡萄糖1 g,加水溶解后加入盐酸溶液5 mL,并用水定容至1 000 mL。此溶液每毫升相当于1.0 mg葡萄糖。

果糖标准溶液:准确称取经过98～100 ℃干燥2 h的果糖1 g,加水溶解后加入盐酸溶液5 mL,并用水定容至1 000 mL。此溶液每毫升相当于1.0 mg果糖。

乳糖标准溶液:准确称取经过94～98 ℃干燥2 h的乳糖(含水)1 g,加水溶解后加入盐酸溶液5 mL,并用水定容至1 000 mL。此溶液每毫升相当于1.0 mg乳糖(含水)。

转化糖标准溶液:准确称取1.052 6 g蔗糖,用100 mL水溶解,置具塞锥形瓶中,加盐酸溶液5 mL,在68～70 ℃水浴中加热15 min,放置至室温,转移至1 000 mL容量瓶并加水定容至1 000 mL。每毫升标准溶液相当于1.0 mg转化糖。

主要仪器和设备如下。

分析天平:感量为0.1 mg;水浴锅;酸式滴定管:25 mL;可调温电炉。

操作步骤如下。

第一,样品处理。

含淀粉的食品:称取粉碎或混匀后的样品10～20 g(精确至0.001 g),置于

250 mL容量瓶中,加水200 mL,在45 ℃水浴中加热1 h,并时时振摇,冷却后加水至刻度,混匀,静置,沉淀。吸取200 mL上清液置于另一250 mL容量瓶,缓慢加入乙酸锌溶液5 mL和亚铁氰化钾溶液5 mL,加水至刻度,混匀,静置30 min,用干燥滤纸过滤,弃去初滤液,取后续滤液备用。

碳酸饮料:称取混匀后样品100 g(精确至0.01 g)于蒸发皿,在水浴上微热搅拌除去二氧化碳后,移入250 mL容量瓶,用水洗涤蒸发皿,洗液并入容量瓶,加水定容、摇匀后备用。

酒精性饮料:称取混匀后样品100 g(精确至0.01 g)于蒸发皿,用氢氧化钠溶液中和至中性,在水浴上蒸发至原体积的1/4后,移入250 mL容量瓶,缓慢加入5 mL乙酸锌溶液和5 mL亚铁氰化钾溶液,加水至刻度,摇匀后静置30 min。用干燥滤纸过滤,弃去初滤液,收集续滤液备用。

其他食品:准确称取2.5~5 g粉碎后固体样品(精确至0.001 g)或准确称取5~25 g混匀后液体样品(精确至0.001 g)于250 mL容量瓶,加50 mL水。缓慢加入5 mL乙酸锌溶液和5 mL亚铁氰化钾溶液,加水至刻度,摇匀后静置30 min。用干燥滤纸过滤,弃去初滤液,收集续滤液备用。

第二,碱性酒石酸铜溶液的标定。

准确吸取碱性酒石酸铜甲液和乙液各5.0 mL,置于150 mL锥形瓶,加水10 mL,加玻璃珠3粒。从滴定管滴加约9 mL葡萄糖标准溶液(或上述其他三种还原糖标准溶液),加热使其在2分钟内沸腾,趁热以1滴/2 s的速度继续滴加葡萄糖标准溶液(或上述其他三种还原糖标准溶液),直至溶液蓝色刚好褪去为终点,记录消耗葡萄糖标准溶液(或上述其他三种还原糖标准溶液)的总体积。平行操作3次,取其平均值,按下式计算液每10 mL(碱性酒石酸甲、乙液各5 mL)碱性酒石酸铜溶液相当于葡萄糖(或其他还原糖)的质量:

$$m_1 = c \times V$$

式中:m_1——10 mL碱性酒石酸铜溶液相当于葡萄糖的质量,mg;

c——葡萄糖标准溶液的质量浓度,mg/mL;

V——标定时消耗葡萄糖标准溶液的总体积,mL。

第三,样品溶液预测。

准确吸取碱性酒石酸铜甲液及乙液各5.0 mL,置于150 mL锥形瓶,加水10 mL,加玻璃珠3粒,加热使其在2 min内沸腾,以先快后慢的速度,从滴定管中滴加试样溶液,并保持沸腾状态,待溶液颜色变浅时,以1滴/2 s的速度滴定,直至溶液蓝色刚好褪去为终点。记录样品溶液消耗的体积。

第四,样品溶液测定。

准确吸取碱性酒石酸铜甲液及乙液各5.0 mL,置于150 mL锥形瓶,加水10 mL,加玻璃珠3粒,从滴定管中滴加比预测体积少1 mL的样品溶液,加热使其在2 min内沸腾,保持沸腾,以每1滴/2 s的速度滴定,直至蓝色刚好褪去为终点。记录消耗样品溶液的消耗体积。同法平行操作3份,取平均值。

第五,结果计算。

$$X = \frac{m_1}{m \times F \times \dfrac{V}{250} \times 1000} \times 100$$

式中:X——样品中还原糖的含量(以某种还原糖计),g/100g;

m——样品的质量,g;

m_1——碱性酒石酸铜溶液的质量(相当于某种还原糖的质量),mg;

F——系数,含淀粉食品为1.5,其他均为1;

V——测定时平均消耗样品溶液的体积,mL;

250——样品溶液的总体积,mL。

第六,注意事项。

费林试剂甲液和乙液应分别贮存,用时才混合,否则酒石酸钾钠铜络合物长期在碱性条件下会缓慢分解析出氧化亚铜沉淀,使试剂有效浓度降低。乙液属强碱溶液,瓶子用橡胶塞或者软木塞,勿用玻璃塞。

滴定必须是在沸腾条件下进行,保持反应液沸腾可防止空气进入,也可加快还原糖与铜离子的反应速度,避免氧化亚铜和还原型的亚甲基蓝被空气氧化使得耗糖量增加。

滴定时不能随意摇动锥形瓶,更不能把锥形瓶从热源上取下来滴定,以防止空气进入反应溶液中。

本方法对糖进行定量的基础是碱性酒石酸铜溶液中铜离子的量,所以,样品处理时不能采用硫酸铜-氢氧化钠作为澄清剂,以免样液中误入铜离子得出错误的结果。

在碱性酒石酸铜乙液中加入亚铁氰化钾,是为了使所生成的氧化亚铜红色沉淀与之形成可溶性的无色络合物,使终点便于观察。

亚甲基蓝也是一种氧化剂,但在测定条件下其氧化能力比铜离子弱,故还原糖先与铜离子反应,待铜离子完全反应后,稍过量的还原糖才会与亚甲基蓝发生反应,溶液蓝色消失,指示到达终点。

预测定与正式测定的检测条件应一致。平行实验中消耗样液量的差值应不超过0.1 mL。

测定中还原糖液浓度、滴定速度、热源强度及煮沸时间等因素都对测定精密度有很大的影响。还原糖液浓度要求在0.1%左右,与标准葡萄糖溶液的浓度相近;继续滴定至终点的体积数应控制在0.4~1 mL以内,以保证在1 min内完成续滴定的工作;热源一般采用800~1 000 W电炉,热源强度和煮沸时间应严格按照操作中规定的执行;加热至煮沸时间不同,蒸发量不同,反应液的碱度也不同,从而影响反应的速度、反应进行的程度及最终测定的结果。

(2)高锰酸钾滴定法

原理:该方法由Bertrand于1906年提出,又称为贝尔德蓝法。样品经除去蛋白质后,其中还原糖把铜盐还原为氧化亚铜,加硫酸铁后,氧化亚铜被氧化为铜盐,以高锰酸钾溶液滴定氧化作用后生成的亚铁盐,根据高锰酸钾消耗量,计算氧化亚铜的含量,再从检索表中查出氧化亚铁相当的还原糖量。

适用范围及特点:本方法适用于各类食品中还原糖含量的测定,有色样液也不受限制。其准确度和重现性都优于直接滴定法,但操作复杂、费时、需使用专用的检索表。

化学试剂如下。

盐酸溶液:量取盐酸30 mL,加水稀释至120 mL。

碱性酒石酸铜甲液:称取34.639 g硫酸铜,加适量水溶解,加入0.5 mL硫酸,加水稀释至500 mL,用精制石棉过滤。

碱性酒石酸铜乙液:称取173 g酒石酸钾钠和50 g氢氧化钠,加适量水溶解并稀释到500 mL,用精制石棉过滤,贮存于橡皮塞玻璃瓶中。

氢氧化钠溶液:称取4 g氢氧化钠加水溶解并稀释至100 mL。

硫酸铁溶液:称取50 g硫酸铁,加入200 mL水溶解后,缓慢加入100 mL硫酸,冷却后加水稀释至1 000 mL。

精制石棉:取石棉先用盐酸溶液浸泡2~3 d,用水洗净,再用氢氧化钠溶液浸泡2~3 d。倾去溶液,再用碱性酒石酸铜乙液浸泡数小时,用水洗净。再以盐酸溶液浸泡数小时,用水洗至不呈酸性。加水振荡,使之成为微细的浆状软纤维,用水浸泡并贮存于玻璃瓶,即可用于填充古氏坩埚。

高锰酸钾标准溶液:称取1.15 g高锰酸钾溶于1 050 mL水中,缓缓煮沸21～30 min,冷却后于暗处密闭保存数日,用垂融漏斗过滤,保存于棕色瓶中。

主要仪器及设备如下。

天平:感量为0.1 mg;25mL古氏坩埚或G4垂融坩埚;可调温电炉;真空泵;酸式滴定管:25mL;水浴锅。

操作步骤如下。

第一,样品处理。

淀粉的食品:称取粉碎或混匀后的试样10～20 g(精确至0.001 g),置250 mL容量瓶中,加水200 mL,在45 ℃水浴中加热1 h,并时时振摇。冷却后加水至刻度,混匀,静置。吸取200 mL上清液置另一250 mL容量瓶中,加碱性酒石酸铜甲液10 mL及氢氧化钠溶液4 mL,加水至刻度,混匀。静置30 min,用干燥滤纸过滤,弃去初滤液,取后续滤液备用。

酒精性饮料:称取100 g(精确至0.01 g)混匀后的样品,置于蒸发皿中,用氢氧化钠溶液中和至中性,在水浴上蒸发至原体积1/4后,移入250 mL容量瓶。加50 mL水,混匀。加碱性酒石酸铜甲液10 mL及氢氧化溶液4 mL,加水至刻度,混匀。静置30 min,用干燥滤纸过滤,弃去初滤液,取后续滤液备用。

碳酸饮料:称取约100 g(精确至0.001 g)混匀后的样品,置于蒸发皿中,在水浴上除去二氧化碳后,移入250 mL容量瓶,并用水洗涤蒸发皿,洗液并入容量瓶,再加水至刻度,混匀,备用。

其他食品:称取粉碎后的固体样品2.5～5 g(精确至0.001 g)或混合均匀的液体样品25～50 g(精确至0.001 g),置于250 mL容量瓶,加水50 mL,摇匀后加10 mL碱性酒石酸铜甲液及4 mL氢氧化钠溶液,加水至刻度,摇匀。静置30 min,用干燥滤纸过滤,弃去初滤液,取续滤液备用。

第二,样品测定。

吸取50 mL处理后的样品溶液于500 mL烧杯,加入25 mL碱性酒石酸铜甲液及25 mL碱性酒石酸铜乙液,于烧杯上盖一表面皿,加热,控制在4 min内沸腾,再准确煮沸2 min,趁热用铺好石棉的古氏坩埚或G4垂融坩埚抽滤,并用60 ℃热水洗涤烧杯及沉淀,至洗液不呈碱性为止。将古氏坩埚或垂融G4坩埚放回原500 mL烧杯,加25 mL硫酸铁溶液及25 mL水,用玻棒搅拌使氧化亚铜完全溶解,以高锰酸钾标准液滴定至微红色为终点。

同时,吸取50 mL水,加与测定样品时相同量的碱性酒石酸铜甲、乙液,硫酸铁溶液及水,按同一方法做试剂空白实验。

第三,结果计算。

计算试样中还原糖质量相当于氧化亚铜的质量:

$$X = (V - V_0) \times C \times 71.54$$

式中:X——样品中还原糖的质量(相当于氧化亚铜的质量),mg;

V——测定样品液消耗高锰酸钾标准溶液的体积,mL;

V_0——试剂空白消耗高锰酸钾标准溶液的体积,mL;

C——高锰酸钾标准溶液的实际浓度,mol/L;

71.54——1 mL高锰酸钾溶液的质量(相当于氧化亚铜的质量),mg。

根据式中计算所得氧化亚铜的质量,查表,再计算样品中还原糖含量。

$$X = \frac{m_1 \times 250}{m_2 \times V \times 1000} \times 100$$

式中:X——样品中还原糖的含量,g/100g;

m_1——查表得到还原糖的质量,mg;

m_2——样品的质量,g;

V——测定用样品溶液的体积,mL;

250——样品处理后的总体积,mL。

第四,注意事项及说明。

取样量视样品含糖量而定,取得样品中含糖量应不大于1 000 mg,测定用样液含糖浓度应调整到0.01%～0.45%,浓度过大或过小都会带来误差。通常先进行预试验,确定样液的稀释倍数后再进行正式测定。

测定必须严格按规定的操作条件进行,须控制好热源强度保证在4 min内加热至沸,否则误差较大。实验时可先取50 mL水,加碱性酒石酸铜甲、乙液各25 mL,调整热源强度,使其在4 min内加热至沸,维持热源强度不变,再正式测定。

此法所用碱性酒石酸铜溶液是过量的,即保证把所有的还原糖全部氧化后,还有过剩的铜离子存在。所以,煮沸后的反应液应呈蓝色(酒石酸钾钠铜配离子)。如不呈蓝色,说明样液含糖浓度过高,应调整样液浓度。

当样品中的还原糖有双糖(如麦芽糖、乳糖)时,由于这些糖的分子中仅有一个还原基,测定结果将偏低。

(3)萨氏法

原理:该方法又称为Somogyi法,样液与过量的碱性铜盐溶液共热,样液中的还原糖定量地将二价铜还原为氧化亚铜,生成的氧化亚铜在酸性条件下溶解为一价铜离子,一价铜离子能定量地被游离碘氧化为二价铜,碘被还原为碘化物,可求出与一价铜反应的碘量,从而计算出样品中还原糖含量。

适用范围及特点:该法是微量法,检出量为0.015~3 mg,灵敏度高,重现性好,结果准确可靠。因样液用量少,故可用于食品或经过层析处理后的微量样品的测定。终点清晰,不受有色样液的限制。

主要化学试剂如下。

萨氏试剂:71 g十二水磷酸氢二钠($Na_2HPO_4 \cdot 12H_2O$)、40 g酒石酸钾钠溶于约400 mL水中,加入1 mol/L氢氧化钠溶液100mL。把8 g五水硫酸铜溶于水并稀释到80 mL,边搅拌边加入上述溶液中,再取410 g十水硫酸钠($Na_2SO_4 \cdot 10H_2O$)溶于水中,加入上述溶液中,再加入1/6 mol/L碘酸钾(KIO_3)溶液25 mL,加水稀释到1 000 mL。放置数天后,用微孔玻璃漏斗过滤,备用。

硫酸溶液(1 mol/L)。

淀粉指示剂(0.5%):称取1 g淀粉,加少量水搅匀,缓慢倾入200 mL沸水中,搅拌成透明液。

碘化钾溶液(2.5%):溶解2.5 g碘化钾于水中,稀释到100 mL,存放于棕色瓶中。

硫代硫酸钠标准溶液(0.005 mol/L):①称取五水硫代硫酸钠($Na_2S_2O_3 \cdot 5H_2O$)约25 g,加10%氢氧化钠溶液2 mL,加水溶解并稀释至100 mL,使用时再稀释20倍;②标定,称取干燥碘化钾3.566 7 g,溶于水并稀释至100 mL,将此溶液准确稀释200倍,得$\frac{5}{6} \times 10^{-3}$ mol/L的钾溶液。取此溶液10 mL,加入1 mL 2.5%碘化钾溶液及2 mL硫酸溶液放置5 min,用硫代硫酸钠溶液滴定,当溶液缓慢变为黄色时,加入1 mL 0.5%淀粉指示剂,继续滴定至蓝色消失。记录硫代硫酸钠溶液消耗量。标定按下式计算。

$$c = \frac{5}{6} \times 10^{-3} \times \frac{10}{V} \times 6$$

式中:c——硫代硫酸钠标准溶液浓度,mol/L;

V——滴定时消耗硫代硫酸钠标准溶液体积,mL。

操作步骤如下。

样品处理:同直接滴定法,调整样液中还原糖浓度在0.3～60 mg/100 mL。

测定:吸取5 mL样液(含还原糖0.015～3 mg)放入25 mm×200 mm试管中,向另 试管加入5 mL蒸馏水(作为对照液),向试管中加入5 mL萨氏试剂,摇动均匀,试管口盖以玻璃球,把试管放入沸水浴中准确加热一定时间,取出用流动水迅速冷却,缓慢加入2 mL碘化钾溶液,接着迅速加入1.5 mL硫酸溶液,摇匀使沉淀全部溶解,用0.005 mol/L硫代硫酸钠标准溶液滴定。滴定接近终点时,溶液变为淡黄色,加入1 mL 0.5%淀粉指示剂,继续滴定至蓝色消失为止。记录硫代硫酸钠标准溶液消耗量。同时,做空白试验。

结果计算方法如下。

$$X = \frac{(V_0 - V) \times S \times f}{m \times \dfrac{V_2}{V_1} \times 1000} \times 100$$

式中:X——样品中还原糖的含量,g/100g;

V——测定用样液消耗硫代硫酸钠标准溶液的体积,mL;

V_0——空白试验消耗硫代硫酸钠标准溶液的体积,mL;

S——还原糖的系数,即1 mL硫代硫酸钠标准溶液相当于还原糖的量;

f——硫代硫酸钠标准溶液的浓度校正系数,为实际浓度/0.005;

V_1——样液的总体积,mL;

V_2——测定用样液的体积,mL;

m——样品的质量,g。

注意事项及说明:由于萨氏试剂的碱度降低,可提高还原糖的还原当量,可测出微量的还原糖,检出量为0.015～3 mg。灵敏度高,重现性好,结果准确可靠。因样液用量少,可用于食品样品或经过色谱处理后的微量样品的测定。

本法所用萨氏试剂也是一种碱性铜盐溶液,与碱性酒石酸铜溶液的不同之处是用磷酸氢二钠代替部分氢氧化钠,使试剂碱性较弱。因此不必配成甲、乙液,配成混合溶液也可保存较长时间。但试剂碱度低时,还原糖的氧化速度慢,反应时间长,因此碱度也不宜过低。

萨氏试剂中的硫酸钠的作用是降低反应溶液中的溶解氧,避免生成的氧化亚铜重新被氧化。

在加热和冷却时,要防止生成的氧化亚铜由于空气的对流再次被氧化,用玻璃球盖上试管口可以阻碍氧化亚铜的氧化。

由于不同的还原糖的还原能力及反应速度不同,反应时所需加热时间也不同。加热时间不足,测定值变化很大;时间超过,影响不大。

碘化钾不加在萨氏试剂中,而在临滴定前再加入,如加入过早,碘化钾会使反应生成的氧化亚铜沉淀溶解,增加氧化亚铜与氧接触的机会,易使其再被氧化。

淀粉指示剂不宜加入过早,否则会形成大量淀粉吸附物,达到滴定终点时仍不易褪色,造成误差。

滴定至蓝色消失时即为终点,此时溶液呈微绿色,注意不能滴定至无色。

各种还原糖系数是由实验测定,实验条件不同,其数值也不同。因此,要严格控制操作条件,保证测定样品的条件与测定还原糖系数时的条件完全相同。平行实验滴定值之差不得超过0.05 mL。

(4)蓝-埃农法

原理:该方法又称Lane-Eynon法,样品除去蛋白质后,以亚甲基蓝为指示剂,用样液直接滴定标定过的费林试液,达到终点时,稍微过量的还原糖即可将蓝色的亚甲基蓝指示剂还原为无色,而显出氧化亚铜的鲜红色。根据样液的用量,查蓝-埃农专用表,求得样品中还原糖的含量。

适用范围:该方法准确度高,重现性好,是一种还原糖的快速简单的测定方法,适用于各类食品中还原糖的测定。国际组织及很多国家把该方法作为还原糖的法定标准分析方法。该方法化学试剂及操作要求严格,终点不易判断,对于初学者不易掌握。

2. 铁氰化钾法

(1)原理

还原糖在碱性溶液中将铁氰化钾还原为亚铁氰化钾,还原糖本身被氧化为相应的糖酸。过量的铁氰化钾在乙酸的存在下,与碘化钾作用下析出碘,析出的碘以硫代硫酸钠标准溶液滴定。

(2)适用范围

本方法适用于小麦粉中还原糖含量的测定。

(3)化学试剂

乙酸缓冲液:将冰乙酸3.0 mL、无水乙酸钠6.8 g和浓硫酸4.5 mL混合溶解,然后稀释至1 000 mL。

钨酸钠溶液(12.0%):将钨酸钠12.0 g溶于100 mL水中。

碱性铁氰化钾溶液(0.1 mol/L):将铁氰化钾32.9 g与碳酸钠44.0 g溶于1 000 mL水中。

乙酸盐溶液:将氯化钾70.0 g和硫酸锌40.0 g溶于750 mL水中,然后缓慢加入200 mL冰乙酸,再用水稀释至1 000 mL,混匀。

碘化钾溶液(10%):称取碘化钾10.0 g溶于100 mL水,再加一滴饱和氢氧化钠溶液。

淀粉溶液(1%):称取可溶性淀粉1.0 g,用少量水润湿调和后,缓慢倒入100 mL沸水中,继续煮沸至溶液透明。

硫代硫酸钠溶液(0.1 mol/L):称取26 g硫代硫酸钠($Na_2S_2O_3 \cdot 5H_2O$)(或16 g无水硫代硫酸钠),溶于1 000 mL水中,缓缓煮沸10 min,冷却,放置两周后过滤备用。称取0.15 g于120 ℃烘至恒重的基准重铬酸钾,精确至0.000 1 g。置于碘量瓶中,溶于25 mL水,加2 g碘化钾及20 mL硫酸(20%),摇匀,于暗处放置10 min。加150 mL水,用配制好的硫代硫酸钠溶液滴定。近终点时加3 mL淀粉指示液(5 g/L),继续滴定至溶液由蓝色变为亮绿色。同时,做空白试验。硫代硫酸钠标准滴定溶液浓度按下式计算:

$$c = \frac{m \times 1000}{(V_1 - V_0) \times 49.03}$$

式中:c——硫代硫酸钠标准滴定溶液的浓度,mol/L;

m——基准重铬酸钾的质量,g;

V_1——硫代硫酸钠溶液的体积,mL;

V_0——空白试验硫代硫酸钠溶液的体积,mL;

49.03——基准重铬酸钾的摩尔质量[$M(1/6K_2Cr_2O_7)$],g/mol。

(4)仪器及设备

分析天平、振荡器、试管、水浴锅、电炉(1~2 kW)、微量滴定管。

(5)操作步骤

样品处理:称取样品5 g(精确至0.001 g)于100 mL磨口锥形瓶中。倾斜锥形瓶以便所有样品粉末集中于一侧,用5 mL 95%乙醇浸湿全部样品,再加入50 mL乙酸缓冲液,振荡摇匀后立即加入2 mL 12.0%钨酸钠溶液,在振荡器上混合振摇5 min。将混合液过滤,弃去最初几滴滤液,收集滤液于干净锥形瓶,此滤液即为样品测定液。同时,做空白实验。

样品溶液的测定如下。

氧化:精确吸取样品液5 mL于试管中,再精确加入5 mL碱性铁氰化钾溶液,混合后立即将试管浸入剧烈沸腾的水浴中,并确保试管内液面低于沸水液面下3~4 cm,加热20 min后取出,立即用冷水迅速冷却。

滴定:将试管内容物倾入100 mL锥形瓶,用25 mL乙酸盐溶液荡洗试管一并倾入锥形瓶,加5 mL 10%碘化钾溶液,混匀后,立即用0.1 mol/L硫代硫酸钠溶液滴定至淡黄色,再加1 mL淀粉溶液,继续滴定至溶液蓝色消失,记下消耗的硫代硫酸钠溶液体积(V_1)。

空白试验:吸取空白液5 mL,代替样品液按氧化和滴定操作,记下消耗的硫代硫酸钠溶液体积(V_0)。

(6)结果计算

根据氧化样品液中还原糖所需0.1 mol/L铁氰化钾溶液的体积查表,即可查得样品中还原糖(以麦芽糖计算)的质量分数。铁氰化钾溶液体积(V_3)按下式计算:

$$V_3 = \frac{(V_0 - V_1) \times c}{0.1}$$

式中:V_3——氧化样品液中还原糖所需0.1 mol/L铁氰化钾溶液的体积,mL;

V_0——滴定空白液消耗0.1 mol/L硫代硫酸钠溶液的体积,mL;

V_1——滴定样品液消耗0.1 mol/L硫代硫酸钠溶液的体积,mL;

c——硫代硫酸钠溶液的实际浓度,mol/L。

3. 苯酚-硫酸法

(1)原理

糖类物质与浓硫酸作用脱水,生成糠醛或糠醛衍生物。糠醛或糠醛衍生物溶液与苯酚反应,生成黄色至橙色化合物,在一定范围内,吸收值与糖含量呈线性关系,因此可比色测定。

(2)适用范围及特点

此法简单、快速、灵敏、重现性好、颜色持久,对每种糖仅需制作一条标准曲线。最低检出量为10 μg,误差为2%~5%。适用于各类食品中还原糖的测定,尤其是层析法分离洗涤之后的样品中糖的测定。但由于浓硫酸可水解多糖和糖苷,注意干扰。

4. 3,5-二硝基水杨酸(DNS)比色法

(1)原理

氢氧化钠和丙三醇存在下,还原糖能将3,5-二硝基水杨酸中的硝基还原为氨基,生成氨基化合物。此化合物在过量的氢氧化钠碱性溶液中呈橘红色,在540 nm波长处有最大吸收峰,其吸光度与还原糖含量有线性关系。

(2)适用范围及特点

此法适用于各类食品中还原糖的测定,相对误差为2.2%,具有准确度高、重现性好、操作简便、快速等优点,分析结果与直接滴定法基本一致,尤其适用于大批样品的测定。

5. 酶-比色法

(1)原理

葡萄糖氧化酶(GOD)在有氧条件下,催化β-D-葡萄糖(葡萄糖水溶液状态)氧化,生成D-葡萄糖酸-δ-内酯和过氧化氢,受过氧化物酶(POD)催化,过氧化氢与4-氨基安替比林和苯酚生成红色酰亚胺。在波长505 nm处测定酰亚胺的吸光度,按下式计算出食品中葡萄糖的含量。

$$X = \frac{m_1 \times V_1}{m_2 \times V_2 \times 10\,000}$$

式中:X——样品中葡萄糖的含量,%;

m_1——标准曲线上查出的试液中葡萄糖的质量,μg;

m_2——样品的质量,g;

V_1——样品溶液的定容体积,mL;

V_2——测定时吸取试液的体积,mL。

(2)适用范围及特点

本法最低检出限量0.01 μg/mL。由于葡萄糖氧化酶(GOD)具有专一性,只能催化葡萄糖水溶液中β-D-葡萄糖,不受其他的还原糖的干扰,因此测定结果较直接滴定法和高锰酸钾法准确,适用于各类食品中葡萄糖的测定,也适用于食品中其他组分转化为葡萄糖的测定。

(3)注意事项及说明

葡萄糖组合试剂盒由三瓶试剂组成。1、2、3号瓶须在4 ℃左右保存。用时将1号瓶和2号瓶的物质充分混合均匀,再将3号瓶的物质溶解其中,使葡萄

糖氧化酶和过氧化氢酶完全溶解即得酶试剂溶液,此溶液须在4 ℃左右保存,有效期1个月。

试剂制备时,对不含蛋白质的样品,用重蒸水溶解样品,过滤,弃去最初滤液,得试液;对蛋白质的样品,先用亚铁氰化钾溶液、硫酸锌溶液和氢氧化钠溶液沉淀蛋白质等杂质,再过滤,弃去初滤液,得滤液。对含二氧化碳的样品,可取一定量于三角瓶中,旋摇至基本无气泡,然后置沸水浴回流处理10 min,取出冷却至室温。试液中葡萄糖含量大于300 μg/mL时,应适当增加定容体积。

(五)蔗糖的测定

1.盐酸水解法

(1)原理

在生产过程中,为判断食品加工原料的成熟度,鉴别白糖、蜂蜜等食品原料的品质,以控制糖果、果脯、加糖乳制品等产品的质量指标,常需测定蔗糖的含量。

蔗糖是由一分子的葡萄糖和一分子的果糖缩合而成的,分子式为$C_{12}H_{22}O_{11}$,易溶于水,微溶于乙醇,不溶于乙醚,蔗糖水解后生成果糖和葡萄糖。

样品脱脂后,用水或乙醇提取,提取液经澄清处理以除蛋白质等杂质,再用盐酸进行水解,使蔗糖转化为还原糖。然后按还原糖测定方法分别测定水解前后样品液中还原糖含量,两者差值即为蔗糖水解产生的还原糖量,即为转化糖的含量,乘以换算系数即为蔗糖含量。根据蔗糖的水解反应,蔗糖的相对分子质量为342,水解后生成2分子单糖,相对分子质量之和为360,故由转化糖的含量换算成蔗糖含量时应乘以的换算系数为342/360=0.95。计算公式如下。

$$X = \frac{m_1\left(\dfrac{100}{V_2} - \dfrac{100}{V_1}\right)}{m_2 \times \dfrac{50}{250} \times 1000} \times 100 \times 0.95$$

式中:X——样品中蔗糖的质量分数,g/100g;

m_1——10 mL酒石酸铜溶液的质量(相当于转化糖的质量),mg;

m_2——样品的质量,g;

V_1——测定时消耗未经水解的样品稀释液体积,mL;

V_2——测定时消耗经过水解的样品稀释液体积,mL。

（2）说明与讨论

为获得准确的结果，必须严格控制水解条件。取样液体积，酸的浓度及用量，水解温度和时间都不能随意改动，到达规定时间后迅速冷却，以防止低聚糖和多聚糖水解以及果糖的分解。

用还原糖法测定蔗糖时，为减少误差，测得的还原糖含量应以转化糖表示。因此，选直接滴定法时，应采用0.1%标准转化糖溶液标定碱性酒石酸铜溶液。

2.酶-比色法

（1）原理

在β-D-果糖苷酶（β－FS）催化下，蔗糖被酶解为葡萄糖和果糖。葡萄糖氧化酶（GOD）在有氧条件下，催化β-D-葡萄糖氧化，生成D-葡萄糖酸-δ-内酯和过氧化氢。受过氧化物酶（POD）催化，过氧化氢与4-氨基安替比林和苯酚生成红色酰亚胺。在波长505 nm处测定酰亚胺的吸光度，按下式计算食品中蔗糖的含量。

$$X = \frac{m_1 \times V_1}{m_2 \times V_2 \times 10\,000}$$

式中：X——样品中蔗糖的含量，%；

m_1——标准曲线上查出的试液中蔗糖的质量，μg；

m_2——样品的质量，g；

V_1——样品溶液的定容体积，mL；

V_2——测定时吸取试液的体积，mL。

（2）适用范围及特点

本法最低检出限量0.04 μg/mL。由于β-D-果糖苷酶具有专一性，只能催化蔗糖水解，不受其他的还原糖的干扰，因此测定结果较盐酸水解法准确。

（3）说明与讨论

测定时，必须严格按酶反应条件进行，即取一定量试液，加入1.0 mL 3-D-果糖苷酶溶液，在（36±1）℃恒温反应20 min。取出后加入3 mL葡萄糖氧化酶-过氧化物酶溶液，摇匀，在（36±1）℃恒温反应40 min，冷却至室温，用重蒸馏水定容至刻度，在波长505 nm处测定吸光度，查标准曲线计算样品中蔗糖含量。

（六）总糖的测定

食品生产中需要测定糖的总量，即"总糖"，是指具有还原性的糖和在测定条件下能水解为还原糖的蔗糖的总量。总糖是食品生产中的常规分析项目，反映了食品中可溶性单糖和低聚糖的总量，其含量高低对产品的色、香、味、组织形态、营养价值、成本等有一定影响。许多食品包括麦乳精、糕点、果蔬罐头、饮料等的重要质量指标之一就是总糖的测定，通常采用直接滴定法和蒽酮比色法测定。

1. 直接滴定法

（1）原理

样品经处理除去蛋白质等杂质后，加入盐酸，在加热条件下，使蔗糖水解为还原性单糖，以直接滴定法测定水解后样品中的还原性总糖。

（2）化学试剂

盐酸溶液（6 mol/L）：浓盐酸1∶1加水稀释。

甲基红乙醇溶液（0.1%）：称取0.1 g甲基红，用60%乙醇溶解并定容至100 mL。

氢氧化钠溶液（20%）：称取20 g氢氧化钠，溶于水并稀释到100 mL。

转化糖标准溶液（0.1%）：称取105 ℃烘干至恒重的纯蔗糖1.900 0 g，用水溶解并移入1 000 mL容量瓶，定容，混匀。取50 mL于100 mL容量瓶，加盐酸5 mL，在67～70 ℃水浴加热15 min，取出于流动水下迅速冷却，加甲基红指示剂2滴，用20%氢氧化钠溶液中和至中性，加水至刻度，混匀。此溶液每毫升含转化糖1 mg。

费林试剂甲液：称取15 g硫酸铜及0.05 g亚甲基蓝，溶于水并稀释到1 L。

费林试剂乙液：称取50 g酒石酸钾钠及75 g氢氧化钠，溶于水，再加入4 g亚铁氰化钾，完全溶解后，用水稀释至1 L，贮存于橡皮塞玻璃瓶中。

乙酸锌溶液：称取21.9 g乙酸锌，加3 mL冰乙酸，加水溶解并稀释至100 mL。

亚铁氰化钾溶液（10.6%）：称取10.6 g亚铁氰化钾，溶于水，稀释至100 mL。

（3）仪器及设备

分析天平；真空泵；滴定管；水浴锅。

（4）操作步骤

样品处理：取适量样品，移入250 mL容量瓶中，缓慢加入5 mL乙酸锌溶液和5 mL亚铁氰化钾溶液，加水至刻度，摇匀后静置30 min，用干燥滤纸过滤，弃去初滤液,收集滤液备用。吸取处理后的样液50 mL于100 mL容量瓶,加入5 mL盐酸溶液,置67~70 ℃水浴加热15 min,取出后迅速冷却,加甲基红指示剂2滴,用20%氢氧化钠溶液中和至中性,加水至刻度,混匀。

碱性酒石酸铜溶液的标定:准确吸取碱性酒石酸铜甲液和乙液各5 mL,置于250 mL锥形瓶,加水10 mL,玻璃珠3粒。从滴定管滴加约9 mL转化糖标准溶液,加热使其在2 min内沸腾,趁热以1滴/2 s的速度继续滴加转化糖标准溶液,直至溶液蓝色刚好褪去为终点。记录消耗转化糖标准溶液的总体积。平行操作3次,取其平均值,按下式计算:

$$F = C \cdot V$$

式中:F——10 mL碱性酒石酸铜溶液相当于转化糖的质量,mg;

C——转化糖标准溶液的浓度,mg/mL;

V——标定时消耗转化糖标准溶液的总体积,mL。

样品溶液预测:准确吸取碱性酒石酸铜甲液和乙液各5 mL,置于250 mL锥形瓶中,加水10 mL,玻璃珠3粒,加热使其在2 min内沸腾,趁热以先快后慢的速度从滴定管中滴加样品溶液,滴定时要始终保持溶液呈沸腾状态,待溶液蓝色变浅时,以1滴/2 s的速度滴定,直至溶液蓝色刚好褪去为终点。记录样品溶液消耗的体积。

样品溶液测定:准确吸取碱性酒石酸铜甲液和乙液各5 mL,置于250 mL锥形瓶中,加水10 mL,加玻璃珠3粒,从滴定管滴加入比预测时样品溶液消耗总体积少1 mL的样品溶液,加热使其在2 min内沸腾,趁热以1滴/2 s的速度继续滴加样液,直至蓝色刚好褪去为终点。记录消耗样品溶液的总体积。同法平行操作3次,取平均值。

(5)结果计算

$$X = \frac{F}{m \times \dfrac{50}{V_1} \times \dfrac{V_2}{100} \times 1000} \times 100$$

式中:X——样品总糖含量,%;

F——10 mL碱性酒石酸铜溶液的质量(相当于转化糖的质量),mg;

V_1——样品处理液的总体积,mL;

V_2——测定时消耗样品水解液的体积,mL;

m——样品的质量,g。

(6)注意事项

总糖测定的水解条件同蔗糖,测定时必须严格控制水解条件,使蔗糖完全水解、多糖不水解和单糖不分解。

直接滴定法测定还原糖,不完全符合等摩尔关系,测定时必须严格遵守操作中有关规定,否则结果将有较大误差。

总糖测定结果一般以转化糖计,但也可以葡萄糖计,要根据产品的质量指标要求而定。

2.蒽酮比色法

(1)原理

蒽酮比色法是一个快速而简便的定糖方法。游离的己糖或多糖中的己糖基、戊糖基及己糖醛酸在较高温度下可被浓硫酸作用而脱水生成糠醛或羟甲基糠醛后,与蒽酮脱水缩合,形成糠醛的衍生物,呈蓝绿色,在620 nm处有最大吸收。本法多用于测定糖原的含量,也可用于测定葡萄糖的含量。糖遇到浓硫酸时,脱水生成糠醛衍生物,蒽酮可以与糠醛衍生物缩合生成蓝绿色的化合物,在620 nm处有最大吸收。在一定糖浓度范围内(200 μg/mL),溶液吸光度值与糖溶液的浓度呈线性关系。用酸将样品中没有还原性的多糖和寡糖彻底水解成具有还原性的单糖,或直接提取样品中的还原糖,即可对样品中的总糖和还原糖进行定量测定。

(2)适用范围

该方法是微量法,糖含量在30 μg左右就能进行测定,适用于含微量糖的样品,具有灵敏度高、试剂用量少等优点。

(3)化学试剂

蒽酮试剂:取2 g蒽酮溶解到80%硫酸中,以80%硫酸定容到1 000 mL,当日配制使用。

标准葡萄糖溶液(0.1 mg/mL):称取100 mg葡萄糖,溶解于蒸馏水中并定容到1 000 mL备用。

盐酸溶液(6 mol/L):50 mL盐酸,加水至100 mL。

氢氧化钠溶液(10%):称取10 g氢氧化钠固体,溶于蒸馏水并稀释至100 mL。

(4)仪器及设备

分光光度计;分析天平(量感0.000 1 g);恒温水浴锅;容量瓶;烧杯;移液

管;三角烧瓶;漏斗等。

(5)操作步骤

葡萄糖标准曲线的绘制:取干净试管6支,吸取0 mL,0.2 mL,0.4 mL,0.6 mL,0.8 mL和1.0 mL标准葡萄糖溶液,置于试管中,分别加入蒸馏水1.0 mL,0.8 mL,0.6 mL,0.4 mL,0.2 mL和0 mL,充分混合(获得浓度0 mg/mL,0.02 mg/mL,0.04 mg/mL,0.06 mg/mL,0.08 mg/mL和0.10 mg/mL糖溶液),置冰水浴中冷却,然后各加入蒽酮试剂4 mL,沸水浴中准确加热10 min取出,用自来水冷却,室温放置10 min。于波长620 nm处测量吸光度值,以吸光度为纵坐标,各标准液浓度(mg/mL)为横坐标绘制标准曲线。

样品中还原糖的提取和测定:称取植物原料干粉0.1～0.5 g,加水约3 mL,在研钵中磨成匀浆,转入三角烧瓶,并用约30 mL蒸馏水冲洗研钵2～3次,洗出液也转入三角烧瓶。于50 ℃水浴保温半小时(使还原糖浸出),取出,冷却后定容至100 mL。过滤,取1 mL滤液进行还原糖的测定。吸取1 mL总糖类溶液置试管中,浸于水浴中冷却,再加入4 mL蒽酮试剂,沸水浴中准确加热10 min,取出用自来水冷却后比色,其他条件与做标准曲线相同,测得的吸光度值由标准曲线查算出样品液的糖含量(样品液显色后若颜色很深,其吸光度超过标准曲线浓度范围,则应将样品提取液适当稀释后再加蒽酮显色测定)。

样品中总糖的提取、水解和测定:称取植物原料干粉0.1～0.5 g,加水约3 mL,在研钵中磨成匀浆,转入三角烧瓶,并用约12 mL的蒸馏水冲洗研钵2～3次,洗出液也转入三角烧瓶。再向三角烧瓶加入盐酸10 mL,搅拌均匀后在沸水浴中水解半小时,冷却后用10%氢氧化钠溶液中和pH呈中性。然后用蒸馏水定容至100 mL,过滤,取滤液10 mL,用蒸馏水定容100 mL,成稀释1 000倍的总糖水解液。取1 mL总糖水解液,测定其还原糖的含量。吸取1 mL总糖类溶液置试管中,浸于水浴中冷却,再加入4 mL蒽酮试剂,沸水浴中准确加热10 min,取出用自来水冷却后比色,其他条件与做标准曲线相同,测得的吸光度值由标准曲线查算出样品液的糖含量。

(6)结果计算

样品中还原糖含量计算:

$$X_1 = \frac{C_1 \times V_1}{m} \times 100$$

式中:X_1——还原糖的质量分数,%;

C_1——还原糖的质量浓度,mg/mL;

V_1——样品中还原糖提取液的体积,mL;

m——样品的质量,mg。

样品中总糖含量计算:

$$X_2 = \frac{C_2 \times V_2}{m} \times 100$$

式中:X_2——总糖的质量分数,%;

C_2——水解后还原糖的质量浓度,mg/mL;

V_2——样品中总糖提取液的体积,mL;

m——样品的质量,mg。

(7)注意事项

食品中的总糖通常是指具有还原性的糖(葡萄糖、果糖、乳糖、麦芽糖等)和在测定条件下能水解为还原性单糖的糖的总量。

本法适用于可溶性还原糖测定,测定结果是还原性糖和能水解为还原性糖的总和。

如要求结果中不含淀粉,则样品处理不应用高浓度酸,应改用80%乙醇。

如提取液中有较多的可溶性蛋白,必须先除去蛋白。

若样液颜色较深,可用一次性微孔过滤器过滤,或采用活性炭脱色。

二、淀粉的测定

淀粉是地球上含量最丰富的有机聚合物之一,以颗粒的形式存在于植物的根、茎、叶、块茎、种子和果实等组织中,并且发挥着储能功能。在日常饮食中,淀粉类食品是人们摄取能量的主要来源。淀粉作为一种可再生的物质,由于其独特的物理和化学特性,且来源广泛、价格低廉,已经被广泛地应用于食品和非食品等众多工业领域。

淀粉是由葡萄糖单体($C_6H_{10}O_5$)经缩聚脱去水分子而形成,按聚合形式不同,可分为直链淀粉和支链淀粉。一般淀粉的直链与支链含量占比分别为15%~25%与75%~85%,例如,马铃薯淀粉中的直链淀粉的含量占20%~30%,支链淀粉的含量占70%~80%。直链淀粉含量较高的淀粉类食品主要包括玉米、小麦、大麦、大米等。淀粉是不溶性糖类。淀粉的测量方法很多,主要有水解法、旋光法、碘淀粉比色法、重量法等。

（一）酶水解法

1.原理

样品除去脂肪及可溶性糖类后,剩余的淀粉用淀粉酶水解成麦芽糖和糊精,再用盐酸水解成具有还原性的葡萄糖,最后按还原糖测定,并按照公式折算成淀粉含量。

2.适用范围及特点

因为淀粉酶有严格的选择性,它只水解淀粉而不会水解其他多糖,水解后通过过滤可除去其他多糖。所以该法不受半纤维素、多缩戊糖、果胶质等多糖的干扰,适合于这类多糖含量高的样品,分析结果准确可靠,但操作复杂、费时。

3.操作步骤

（1）样品处理

粮食、豆类、糕点、饼干等易于粉碎的样品:准确称取2~5 g磨碎至能通过40目筛的样品(精确至0.001 g),置于放有折叠滤纸的漏斗中,先用50 mL乙醚或石油醚分5次洗去样品中的脂肪,再用约150 mL 85%(体积分数)的乙醇洗涤残渣以去除可溶性糖类,滤干乙醇,将残留物移入250 mL烧杯,用50 mL水冲洗滤纸上的残渣,并把洗涤液转移到烧杯中。随后将烧杯置于沸水浴加热15 min,使淀粉充分糊化,放置冷却至60 ℃以下,加20 mL淀粉酶溶液,在55~60 ℃下保温1 h,并不时搅拌。之后,在白色点滴板上用碘液检验,取一滴此淀粉溶液加一滴碘液应不显蓝色,若显蓝色,继续加热糊化。待溶液冷却至60 ℃以下,加20 mL淀粉酶溶液,继续保温,直至加碘不显蓝色时为止。加热至沸,冷却后移入250 mL容量瓶并加水定容至刻度,摇匀后过滤,弃去初滤液。取50 mL滤液,置于250 mL的锥形瓶,加5 mL盐酸,装上回流冷凝器,在沸水浴中回流1 h,冷后加2滴甲基红指示液,用氢氧化钠溶液(200 g/L)中和至中性,溶液转入100 mL容量瓶,洗涤锥形瓶,洗液并入100 mL容量瓶,加水至刻度,混匀备用。

其他样品:加适量水在组织捣碎机中捣成匀浆(蔬菜、水果需先洗净、晾干,取可食部分),称取相当于原样质量2.5~5 g(精确至0.001 g)的匀浆,以所述"置于放有折叠滤纸的漏斗内"起依法操作。

（2）测定

按还原糖直接滴定法中标定碱性酒石酸铜溶液、试液溶液预测、样品溶液测定的步骤操作，同时量取 50 mL 水及样品处理时相同量的淀粉酶溶液，按同一方法做试剂空白试验。

4.结果计算

样品中的还原糖含量按下式计算：

$$X = \frac{A}{m \times \dfrac{V}{250} \times 1000} \times 10$$

式中：X——样品中还原糖的含量（以葡萄糖计），g/100g；

A——碱性酒石酸铜溶液（甲、乙液各半）的质量（相当于某种还原糖的质量），mg；

m——样品的质量，g；

V——测定时平均消耗样品溶液的体积，mL。

样品中的淀粉含量按下式计算：

$$X = \frac{(A_1 - A_2) \times 0.9}{m \times \dfrac{10}{250} \times \dfrac{V}{100} \times 1000} \times 10$$

式中：X——样品中淀粉的含量，g/100g；

A_1——测定用样品中还原糖（以葡萄糖计）的质量，mg；

A_2——试剂空白中还原糖（以葡萄糖计）的质量，mg；

0.9——还原糖（以葡萄糖计）换算成淀粉的换算系数；

m——样品的质量，g；

V——测定用样品处理液的体积，mL。

计算结果表示到小数点后一位。在重复性条件下获得的两次独立测定结果的绝对差值不得超过算术平均值的10%。

5.说明与讨论

酶水解开始前，要使淀粉糊化。

淀粉粒具有晶格结构，淀粉酶难以作用。加热糊化破坏了淀粉的晶格结构，使其易被淀粉酶作用。

选用淀粉酶前，应确定其活力及水解时加入的量。可用已知浓度的淀粉溶液少许，加入一定量的淀粉酶溶液，置于 55～60 ℃水浴保温 1 h，用碘液检验淀粉是否水解完全,以确定酶的活力及水解时的用量。

淀粉水解酶必须纯化,以消除其他酶活性,如纤维素酶能水解释放出D-葡萄糖,过氧化氢酶也会降低染料复合化合物的稳定性,前者会导致偏高的错误值,而后者则会导致偏低的错误值。

高含量直链淀粉或其他淀粉都或多或少地抵抗酶水解,从而导致不能进行定量测定。

脂肪的存在会妨碍酶对淀粉的作用及可溶性糖类的去除,故应用乙醚脱脂。

抗性淀粉,其定义是由不能被小肠中消化酶水解的淀粉和淀粉降解产物组成。有三个原因使得淀粉不能被消化或消化得很慢,因而可经过小肠而不被水解。

可通过以下方法解决这些问题。首先将淀粉分散在二甲亚砜(DMSO)中,然后通过耐热α-淀粉酶定量地将淀粉转变为分子量较低的水解片段以增加淀粉的解聚和溶解性。葡萄糖淀粉酶(淀粉葡糖苷酶)定量地把由α-淀粉酶水解得到的片段再继续水解成D-葡萄糖,并由葡萄糖氧化酶/过氧化物酶(GOPOD)试剂测定。这一方法测定的是总淀粉含量,它不能揭示淀粉的植物来源,也不能说明是天然淀粉还是变性淀粉。如果待测原料在分析前还未被熟化,其淀粉的植物来源可用显微镜进行分析。另外,淀粉是否变性也可用显微镜进行检测。

(二)酸水解法

1. 原理

样品经乙醚除去脂肪,经乙醇除去可溶性糖类后,用盐酸水解淀粉为具有还原性的葡萄糖,然后按还原糖测定方法测出葡萄糖含量,再把葡萄糖折算成淀粉含量,换算系数为162/180=0.9。

2. 适用范围及特点

本方法适用于淀粉含量较高,而半纤维素和多缩戊糖等其他多糖含量较少的样品。对富含半纤维素、多缩戊糖及果胶质的样品,因水解时它们也被水解为木糖、阿拉伯糖等还原糖,测定结果会偏高。此法操作简便易行,但选择性和准确性不够高,不及酶水解法。

3.说明与讨论

样品中加入乙醇溶液后,混合液中乙醇的浓度应在体积分数80%以上,以防止糊精随可溶性糖类一起被洗掉。

水解条件要严格控制,要保证淀粉水解完全,并避免因加热时间过长对葡萄糖产生影响(形成糠醛聚合体,失去还原性)。

盐酸水解淀粉的专一性不如淀粉酶,它不仅能水解淀粉,也能水解半纤维素。水解产物为具有还原性的物质,如木糖、阿拉伯糖、糖醛等,或含壳皮较高的食物,不宜采用此法。

若样品为液体,则采用分液漏斗振摇后,静置分层,弃去乙醚层。

因水解时间较长,应采用回流装置,以避免水解过程中由于水分蒸发而使盐酸浓度发生较大改变。

样品水解液冷却后,应立即调至中性。可加入两滴甲基红,先用400 g/L氢氧化钠调至黄色,再用6 mol/L盐酸调到刚刚变为红色,最后用100 g/L氢氧化钠调到红色刚好褪去。若水解液颜色较深,可用精密pH试纸测试,使样品水解液的pH约为7。

(三)旋光法

1.原理

淀粉具有旋光性,在一定条件下旋光度的大小与淀粉的浓度成正比。用氯化钙溶液提取淀粉,使之与其他成分分离,用氯化锡沉淀提取液中的蛋白质后,测定旋光度,即可计算出淀粉含量。

$$X = \frac{a \times 100}{L \times 203 \times m} \times 100\%$$

式中:X——样品中淀粉的含量,%;

a——旋光度的读数,(°);

L——观测管的长度,dm;

m——样品的质量,g;

203——淀粉的比旋光度,(°)。

2.适用范围及特点

本法适用于不同来源的淀粉,具有重现性好、操作简便、快速等特点。由于淀粉的比旋光度大,直链淀粉和支链淀粉的比旋光度又很接近,因此本法对于可溶性糖类含量不高的谷类样品具有较高的准确度。但对于一些未知或性质不清楚的样品及淀粉已经受热或变性的样品,分析结果的误差较大。

3.说明与讨论

本法属于选择性提取法,用氯化钙溶液作为淀粉的提取剂,是因为钙能与淀粉分子上的羟基形成络合物,使淀粉与水有较高的亲和力而易溶于水。

用氯化钙溶液进行淀粉提取时需加热煮沸样品溶液一定时间,并随时搅拌,以提高淀粉提取率。加热后必须迅速冷却,以防止淀粉老化,形成高度晶化的不溶性淀粉分子微束。若加热煮沸过程中泡沫过多,可加入1~2滴辛醇消泡。

蛋白质也具有旋光性,为消除其干扰,本法加入氯化锡溶液,以沉淀蛋白质。蛋白质含量较高的样品,如高蛋白营养米粉,用旋光法测定时结果偏低,误差较大。

淀粉的比旋光度一般按203°计,但不同来源的淀粉也略有不同,如玉米、小麦淀粉为203°,豆类淀粉为200°。

可溶性糖类比旋光度低,如蔗糖为+66.5°、葡萄糖为+52.5°,果糖为-92.5°,都比淀粉的比旋光度低得多,它们对测定结果一般影响不大,可忽略不计。但糊精的比旋光度为+95°,对糊精含量高的样品测定结果有较大的误差。

第四章 食品中矿物元素检测技能

第一节 食品中铁、钙、镁的检测

一、食品中铁的测定

(一)实验原理

样品消解后,经原子吸收火焰原子化,在248.3 nm波长处测定吸光度值。在一定浓度范围内铁的吸光度值与铁含量成正比,与标准系列比较定量。

(二)器材与试剂

1. 实验仪器

原子吸收光谱仪:配火焰原子化器,铁空心阴极灯。

分析天平:感量0.1 mg和1 mg。

微波消解仪:配聚四氟乙烯消解内罐。

可调式电热炉。

可调式电热板。

压力消解罐:配聚四氟乙烯消解内罐。

恒温干燥箱。

马弗炉。

2. 实验试剂

硝酸(HNO_3)。

高氯酸($HClO_4$)。

硫酸(H_2SO_4)。

硫酸铁铵[$NH_4Fe(SO_4)_2 \cdot 12H_2O$,标准品,纯度>99.9%]。

3.溶液配制

硝酸溶液(5%):量取50 mL硝酸,倒入950 mL水中,混匀。

硝酸溶液(50%):量取250 mL硝酸,倒入250 mL水中,混匀。

硫酸溶液(25%):量取50 mL硫酸,缓慢倒入150 mL水中,混匀。

铁标准储备液(1 000 mg/L):准确称取0.863 1 g(精确至0.000 1 g)硫酸铁铵,加水溶解,加1 mL 25%硫酸溶液,移入100 mL容量瓶,加水定容至刻度,混匀。

铁标准中间液(100 mg/L):准确吸取铁标准储备液(1 000 mg/L)10 mL于100 mL容量瓶,加5%硝酸溶液定容至刻度,混匀。

铁标准系列溶液:分别准确吸取铁标准中间液(100 mg/L)0 mL,0.5 mL,1.0 mL,2.0 mL,4.0 mL,6.0 mL于100mL容量瓶中,加硝酸溶液(5%)定容至刻度,混匀。此铁标准系列溶液中铁的质量浓度分别为0 mg/L,0.50 mg/L,1.00 mg/L,2.00 mg/L,4.00 mg/L,6.00 mg/L。

(三)操作步骤

1.样品制备

粮食、豆类样品:样品去除杂物后,粉碎,贮于塑料瓶中。

蔬菜、水果、鱼类、肉类等样品:样品用水洗净,晾干,取可食部分,制成匀浆,贮于塑料瓶中。

饮料、酒、醋、酱油、食用植物油、液态乳等液体样品:将样品摇匀。

2.样品处理

(1)湿法消解

准确称取固体样品0.5~3 g(精确至0.001 g)或准确移取液体样品1.0~5.0 mL于带刻度消化管中,加入10 mL硝酸和0.5 mL高氯酸,在可调式电热炉上消解[参考条件:120 ℃/(0.5~1 h)、升至180 ℃/(2~4 h)、升至200~220 ℃]。若消化液呈棕褐色,再加硝酸,消解至冒白烟,消化液呈无色透明或略带黄色,取出消化管,冷却后将消化液转移至25 mL容量瓶中,用少量水洗涤2~3次,合并洗涤液于容量瓶中并用水定容至刻度,混匀备用。同时做样品空白试验。也可采用锥形瓶,于可调式电热板上,按上述操作方法进行湿法消解。

(2)微波消解

准确称取固体样品0.2~0.8 g(精确至0.001 g)或准确移取液体样品1.0~

3.0 mL于微波消解罐中,加入5 mL硝酸,按照微波消解的操作步骤消解样品。冷却后取出消解罐,在电热板上于140~160 ℃赶酸至1.0 mL左右。冷却后将消化液转移至25 mL容量瓶,用少量水洗涤内罐和内盖2~3次,合并洗涤液于容量瓶并用水定容至刻度,混匀备用。同时做样品空白试验。

(3)压力罐消解

准确称取固体样品0.3~2 g(精确至0.001 g)或准确移取液体样品2.0~5.0 mL于消解内罐,加入5 mL硝酸。盖好内盖,旋紧不锈钢外套,放入恒温干燥箱,于140~160 ℃下保持4~5 h。冷却后缓慢旋松外罐,取出消解内罐,放在可调式电热板上于140~160 ℃赶酸至1.0 mL左右。冷却后将消化液转移至25 mL容量瓶,用少量水洗涤内罐和内盖2~3次,合并洗涤液于容量瓶并用水定容至刻度,混匀备用。同时做样品空白试验。

(4)干法消解

准确称取固体样品0.5~3 g(精确至0.001 g)或准确移取液体样品2.0~5.0 mL于坩埚,小火加热,炭化至无烟,转移至马弗炉,于550 ℃灰化3~4 h。冷却,取出,对于灰化不彻底的样品,加数滴硝酸,小火加热并蒸干,再转入550 ℃马弗炉中,继续灰化1~2 h,至样品呈白灰状,冷却,取出,用适量硝酸溶液(50%)溶解,转移至25 mL容量瓶,用少量水洗涤内罐和内盖2~3次,合并洗涤液于容量瓶并用水定容至刻度。同时做样品空白试验。

3.测定

标准曲线的制作:将标准系列工作液按质量浓度由低到高的顺序分别导入火焰原子化器,测定其吸光度值。以铁标准系列溶液中铁的质量浓度为横坐标,以相应的吸光度值为纵坐标,制作标准曲线。

样品测定:在与测定标准溶液相同的实验条件下。将空白溶液和样品溶液分别导入原子化器,测定吸光度值,与标准系列比较定量。

(四)结果计算

样品中铁的含量按下式计算:

$$X = \frac{(\rho - \rho_0) \times V}{m}$$

式中:X——样品中铁的含量,mg/kg或mg/L;

ρ——测定样液中铁的质量浓度,mg/L;

ρ_0——空白液中铁的质量浓度,mg/L;

V——样品消化液的定容体积,mL;

m——样品的称样量或移取体积,g或mL。

当铁含量≥10.0 mg/kg或10.0 mg/L时,计算结果保留三位有效数字;当铁含量<10.0 mg/kg或10.0 mg/L时,计算结果保留两位有效数字。

(五)注意事项

样品制备过程中要防止样品污染,样品粉碎、匀浆等过程中均采用不锈钢制品。

所用玻璃仪器均经硫酸-重铬酸钾洗液浸泡数小时,再以洗衣粉充分洗刷,其后用水反复冲洗,再用去离子水冲洗烘干。

在重复性条件下获得的两次独立测定结果的绝对差值不得超过算术平均值的10%。

当称样量为0.5 g(或0.5 mL)、定容体积为25 mL时,方法检出限为0.75 mg/kg(或0.75 mg/L),定量限为2.5 mg/kg(或2.5 mg/L)。

二、食品中钙的测定

(一)实验原理

样品经消解处理后,加入镧溶液作为释放剂,经原子吸收火焰原子化,在波长422.7 nm处测定吸光度值,在一定浓度范围内钙的吸光度值与钙含量成正比,与标准系列比较定量。

(二)器材与试剂

1.实验仪器

原子吸收光谱仪:配火焰原子化器,钙空心阴极灯。

分析天平:感量为1 mg和0.1 mg。

微波消解系统:配聚四氟乙烯消解内罐。

可调式电热炉。

可调式电热板。

压力消解罐:配聚四氟乙烯消解内罐。

恒温干燥箱。

马弗炉。

2.实验试剂

硝酸(HNO_3)。

高氯酸($HClO_4$)。

盐酸(HCl)。

氧化镧(La_2O_3)。

碳酸钙(($CaCO_3$,标准品,纯度＞99.99%)。

3.试剂配制

硝酸溶液(5%):量取50 mL硝酸,加入950 mL水,混匀。

硝酸溶液(50%):量取500 mL硝酸,与500 mL水混合均匀。

盐酸溶液(50%):量取500 mL盐酸,与500 mL水混合均匀。

镧溶液(20 g/L):称取23.45 g氧化镧,先用少量水湿润后再加入75 mL盐酸溶液(50%)溶解,转入1 000 mL容量瓶,加水定容至刻度,混匀。

钙标准储备液(1 000 mg/L):准确称取2.4963 g(精确至0.000 1 g)碳酸钙,加盐酸溶液(50%)溶解,移入1 000 mL容量瓶中,加水定容至刻度,混匀。

钙标准中间液(100 mg/L):准确吸取钙标准储备液(1 000 mg/L)10 mL于100 mL容量瓶,加硝酸溶液(5%)至刻度,混匀。

钙标准系列溶液:分别吸取钙标准中间液0 mL,0.5 mL,1.0 mL,2.0 mL,4.0 mL,6.0 mL于100 mL容量瓶中,另在各容量瓶中加入5 mL镧溶液(20g/L),最后加硝酸溶液(5%)定容至刻度,混匀。此钙标准系列溶液中钙的质量浓度分别为0 mg/L,0.50 mg/L,1.00 mg/L,2.00 mg/L,4.00 mg/L和6.00 mg/L。

(三)操作步骤

1.样品制备

粮食、豆类样品:样品去除杂物后,粉碎,贮于塑料瓶中。

蔬菜、水果、鱼类、肉类等样品:样品用水洗净,晾干,取可食部分,制成匀浆,贮于塑料瓶中。

饮料、酒、醋、酱油、食用植物油、液态乳等液体样品:将样品摇匀。

2.样品处理

(1)湿法消解

准确称取固体样品0.2~3 g(精确至0.001 g)或准确移取液体样品0.5~5.0 mL于带刻度消化管,加入10 mL硝酸、0.5 mL高氯酸,在可调式电热炉上消解[参考条件:120 ℃/(0.5~1 h)、升至180 ℃/(2~4 h)、升至200~220 ℃]。若消化液呈棕褐色,再加硝酸,消解至冒白烟,消化液呈无色透明或略带黄色。取出消化管,冷却后用水定容至25 mL,再根据实际测定需要稀释,并在稀释液中加入 定体积的镧溶液(20 g/L),使其在最终稀释液中的浓度为1 g/L,混匀备用,此为样品待测液。同时做试剂空白试验。也可采用锥形瓶,于可调式电热板上,按上述操作方法进行湿法消解。

（2）微波消解

准确称取固体样品0.2~0.8 g(精确至0.001 g)或准确移取液体样品0.5~3.0 mL于微波消解罐,加入5 mL硝酸,按照微波消解的操作步骤消解样品。冷却后取出消解罐,在电热板上于140~160 ℃赶酸至1 mL左右。消解罐放冷后,将消化液转移至25 mL容量瓶,用少量水洗涤消解罐2~3次,合并洗涤液于容量瓶并用水定容至刻度。根据实际测定需要稀释,并在稀释液中加入一定体积镧溶液(20 g/L)使其在最终稀释液中的浓度为1 g/L,混匀备用,此为样品待测液。同时做试剂空白试验。

（3）压力罐消解

准确称取固体样品0.2~1 g(精确至0.001 g)或准确移取液体样品0.5~5.0 mL于消解内罐,加入5 mL硝酸。盖好内盖,旋紧不锈钢外套,放入恒温干燥箱,于140~160 ℃下保持4~5 h。冷却后缓慢旋松外罐,取出消解内罐,放在可调式电热板上于140~160 ℃赶酸至1 mL左右。冷却后将消化液转移至25 mL容量瓶中,用少量水洗涤内罐和内盖2~3次,合并洗涤液于容量瓶,并用水定容至刻度,混匀备用。根据实际测定需要稀释,并在稀释液中加入一定体积的镧溶液(20 g/L),使其在最终稀释液中的浓度为1 g/L,混匀备用,此为样品待测液。同时做试剂空白试验。

（4）干法灰化

准确称取固体样品0.5~5 g(精确至0.001 g)或准确移取液体样品0.5~10.0 mL于坩埚,小火加热,炭化至无烟,转移至马弗炉,于550 ℃灰化3~4 h。冷却,取出。对于灰化不彻底的样品,加数滴硝酸,小火加热并蒸干,再转入550 ℃马弗炉,继续灰化1~2 h,至样品呈白灰状,冷却,取出,用适量硝酸溶液(50%)溶解转移至刻度管中,用水定容至25 mL。根据实际测定需要稀释,并在稀释液中加入一定体积的镧溶液(20 g/L),使其在最终稀释液中的浓度为1 g/L,混匀备用,此为样品待测液。同时做试剂空白试验。

3.测定

标准曲线的制作将钙标准系列溶液按浓度由低到高的顺序分别导入火焰原子化器,测定吸光度值,以标准系列溶液中钙的质量浓度为横坐标,相应的吸光度值为纵坐标,制作标准曲线。

样品溶液的测定在与测定标准溶液相同的实验条件下,将空白溶液和样品待测液分别导入原子化器,测定相应的吸光度值,与标准系列比较定量。

(四)结果计算

样品中钙的含量按下式进行计算:

$$X = \frac{(\rho - \rho_0) \times f \times V}{m}$$

式中:X——样品中钙的含量,mg/kg 或 mg/L;

ρ——测定样液中钙的质量浓度,mg/L;

ρ_0——空白液中钙的质量浓度,mg/L;

f——样品消化液的稀释倍数;

V——样品消化液的定容体积,mL;

m——样品的称样量或移取体积,g 或 mL。

当钙含量≥10.0 mg/kg 或 10.0 mg/L 时,计算结果保留三位有效数字,当钙含量＜10.0 mg/kg 或 10.0 mg/L 时,计算结果保留两位有效数字。

(五)注意事项

所用玻璃仪器需用硫酸-重铬酸钾洗液浸泡数小时,再用洗衣粉充分洗刷,然后用水反复冲洗,最后用去离子水冲洗,烘干。

在重复性条件下获得的两次独立测定结果的绝对差值不得超过算术平均值的10%。

以称样量0.5 g(或0.5 mL),定容至25 mL计算,方法检出限为0.5 mg/kg(或0.5 mg/L),定量限为1.5 mg/kg(或1.5 mg/L)。

样品制备时,湿样(如蔬菜、水果、鲜鱼、鲜肉等)用水冲洗干净后,要用去离子水充分洗净,干粉类样品(如面粉,乳粉等)取样后立即装容器密封保存,防止空气中的灰尘和水分污染,湿法消解注意在通风橱中进行。

三、食品中镁的测定

(一)实验原理

样品经消解处理后,经火焰原子化,在波长285.2 nm处测定吸光度。在一定浓度范围内,镁的光度值与镁含量成正比,与标准系列比较定量。

(二)器材与试剂

1. 实验仪器

原子吸收光谱仪:配有火焰原子化器及镁空心阴极灯。

分析天平:感量为0.1 mg和1.0 mg。

样品粉碎设备:匀浆机、高速粉碎机。

马弗炉。

可调式控温电热板。

可调式控温电热炉。

微波消解:配有聚四氟乙烯消解内罐。

恒温干燥箱。

压力消解罐:配有聚四氟乙烯消解内罐。

2. 实验试剂

硝酸(HNO_3)。

高氯酸($HClO_4$)。

盐酸(HCl)。

金属镁(Mg)或氧化镁(MgO),纯度大于99.99%。

3. 试剂配制

硝酸溶液(5%):量取50 mL硝酸,倒入950 mL水中,混匀。

硝酸溶液(50%):量取250 mL硝酸,倒入250 mL水中,混匀。

盐酸溶液(50%):量取50 mL盐酸,倒入50 mL水中,混匀。

标准溶液配制如下。

镁标准储备液(1 000 mg/L):准确称取0.1 g(精确至0.000 1 g)金属镁或0.165 8 g(精确至0.000 1 g)于(800±50) ℃灼烧至恒重的氧化镁,溶于2.5 mL盐酸溶液(50%)及少量水,移入100 mL容量瓶,加水至刻度,混匀。

镁标准中间液(10.0 mg/L):准确吸取镁标准储备液(1 000 mg/L)1.00 mL,用硝酸溶液(5%)定容到100 mL容量瓶中,混匀。

镁标准系列溶液:准确吸取镁标准中间液 0 mL,2.00 mL,4.00 mL,8.00 mL,10.0 mL 于 100 mL 容量瓶,用硝酸溶液(5%)定容至刻度,混匀。此标准系列工作液中镁质量浓度分别为 0 mg/L,0.20 mg/L,0.40 mg/L,0.60 mg/L,0.80 mg/L 和 1.00 mg/L。也可依据实际样品溶液中镁浓度,适当调整标准溶液浓度范围。

(三)操作步骤

1.样品制备

粮食、豆类样品:样品去除杂物后,粉碎,贮于塑料瓶中。

蔬菜、水果、鱼类、肉类等样品:样品用水洗净,晾干,取可食部分,制成匀浆,贮于塑料瓶中。

饮料、酒、醋、酱油、食用植物油、液态乳等液体样品:将样品摇匀。

2.样品消解

(1)湿法消解

称取固体样品 0.2~3 g(精确至 0.001 g)或准确移取液体样品 0.500~5.00 mL 于带刻度消化管,加入 10 mL 硝酸、0.5 mL 高氯酸,在可调式电热炉上消解[参考条件:120 ℃/(0.5~1 h)、升至 18 0℃/(2~4 h)、升至 200~220 ℃]。若消化液呈棕褐色,再补加硝酸,消解至冒白烟,消化液呈无色透明或略带黄色,取出消化管,冷却后用水定容至 25 mL,混匀备用。同时做试剂空白试验。也可采用锥形瓶,于可调式电热板上,按上述操作方法进行湿法消解。

(2)微波消解

称取固体样品 0.2~0.8 g(精确至 0.001 g)或准确移取液体样品 0.500~3.00 mL 于微波消解罐中,加入 5 mL 硝酸,按照微波消解的操作步骤消解样品。冷却后取出消解罐,在电热板上于 140~160 ℃赶酸至 0.5~1 mL。消解罐放冷后,将消化液转移至 25 mL 容量瓶中,用少量水洗涤消解罐 2~3 次,合并洗涤液于容量瓶中并用水定容至刻度,混匀备用。同时做试剂空白试验。

(3)压力罐消解

称取固体样品 0.2~1 g(精确至 0.001 g)或准确移取液体样品 0.500~5.00 mL 于消解内罐中,加入 5 mL 硝酸。盖好内盖,旋紧不锈钢外套,放入恒温干燥箱,于 140~160 ℃下保持 4~5 h。冷却后缓慢旋松外罐,取出消解内罐,放在可调式电热板上于 140~160 ℃赶酸至 1 mL 左右。冷却后将消化液转移至 25

mL容量瓶中,用少量水洗涤内罐和内盖2~3次,合并洗涤液于容量瓶中并用水定容至刻度,混匀备用。同时做试剂空白试验。

(4)干法灰化

称取固体样品0.5~5 g(精确至0.001 g)或准确移取液体样品0.500~10.0 mL于坩埚,将坩埚置于电热板上缓慢加热,微火炭化至不再冒烟。炭化后的样品放入马弗炉中,于550 ℃灰化4 h。若灰化后的样品中有黑色颗粒,应将坩埚冷却至室温后加少许硝酸溶液(5%)润湿残渣,在电热板小火蒸干后置马弗炉550 ℃继续灰化,直至样品呈白灰状。在马弗炉中冷却后取出,冷却至室温,用2.5 mL硝酸溶液(50%)溶解,并用少量水洗涤坩埚2~3次,合并洗涤液于容量瓶并定容至25 mL,混匀备用。同时做试剂空白试验。

3.测定

标准曲线的制作:将镁标准系列溶液按质量浓度由低到高的顺序分别导入火焰原子化器后测其吸光度值,以质量浓度为横坐标,吸光度值为纵坐标,制作标准曲线。

样品的测定:在与测定标准溶液相同的实验条件下,将空白溶液和样品溶液分别导入原子化器测其吸光度值,与标准系列比较定量。

(四)结果计算

样品中镁含量按式计算。

$$X = \frac{(\rho - \rho_0) \times V}{m}$$

式中:X——样品中镁的含量,mg/kg或mg/L;

ρ——测定样液中镁的质量浓度,mg/L;

ρ_0——空白液中镁的质量浓度,mg/L;

V——样品消化液的定容体积,mL;

m——样品的称样量或移取体积,g或mL。

当镁含量≥10.0 mg/kg(或10.0 mg/L)时,计算结果保留三位有效数字,当镁含量<10.0 mg/kg(或10.0 mg/L)时,计算结果保留两位有效数字。

(五)注意事项

在采样和制备过程中,应避免样品污染。

原子吸收光谱仪的型号不同,所用标准溶液的浓度应按仪器的灵敏度进行调整。

在重复性条件下获得的两次独立测定结果的绝对差值不得超过算术平均值的10%。当称样量为1 g(或1 mL),定容体积为25 mL时,方法的检出限为0.6 mg/kg(或0.6 mg/L),定量限为2.0 mg/kg(或2.0 mg/L)。

第二节 食品中硒的检测

一、实验原理

样品经酸加热消化后,在6 mol/L盐酸介质中,将样品中的六价硒还原成四价硒,用硼氢化钠或硼氢化钾作还原剂,将四价硒在盐酸介质中还原成硒化氢,由载气(氩气)带入原子化器中进行原子化,在硒空心阴极灯照射下,基态硒原子被激发至高能态,在去活化回到基态时,发射出特征波长的荧光,其荧光强度与硒含量成正比,与标准系列比较定量。

二、试剂与材料

(一)试剂

硝酸(HNO_3):优级纯;高氯酸($HClO_4$):优级纯;盐酸(HCl):优级纯;氢氧化钠(NaOH):优级纯;过氧化氢(H_2O_2);硼氢化钠($NaBH_4$):优级纯;铁氰化钾$[K_3Fe(CN)_6]$。

(二)试剂配制

硝酸-高氯酸混合酸(9∶1):将900 mL硝酸与100 mL高氯酸混匀。

氢氧化钠溶液(5 g/L):称取5 g氢氧化钠,溶于1 000 mL水,混匀。

硼氢化钠碱溶液(8 g/L):称取8 g硼氢化钠,溶于1 000 mL氢氧化钠溶液(5 g/L),混匀。现配现用。

盐酸溶液(6 mol/L):量取50 mL盐酸,缓慢加入40 mL水中,冷却后用水定容至100 mL,混匀。

铁氰化钾溶液(100 g/L):称取10 g铁氰化钾,溶于100 mL水中,混匀。

盐酸溶液(5%):量取25 mL盐酸,缓慢加入475 mL水中,混匀。

（三）标准品

硒标准溶液（1 000 mg/L），或经国家认证并授予标准物质证书的一定浓度的硒标准溶液。

（四）标准溶液的制备

硒标准中间液（100 mg/L）：准确吸取 1.00 mL 硒标准溶液（1 000 mg/L）于 10 mL 容量瓶，加盐酸溶液（5%）定容至刻度，混匀。

硒标准使用液（1.00 mg/L）：准确吸取硒标准中间液（100 mg/L）1.00 mL 于 100 mL 容量瓶，用盐酸溶液（5%）定容至刻度，混匀。

硒标准系列溶液：分别准确吸取硒标准使用液（1.00 mg/L）0 mL，0.500 mL，1.00 mL，2.00 mL 和 3.00 mL 于 100 mL 容量瓶，加入铁氰化钾溶液（100 g/L）10 mL，用盐酸溶液（5%）定容至刻度，混匀待测。此硒标准系列溶液的质量浓度分别为 0 µg/L，5.00 µg/L，10.0 µg/L，20.0 µg/L 和 30.0 µg/L。（注：可根据仪器的灵敏度及样品中硒的实际含量确定标准系列溶液中硒元素的质量浓度。）

三、仪器和设备

所有玻璃器皿及聚四氟乙烯消解内罐均需硝酸溶液（16.67%）浸泡过夜，用自来水反复冲洗，最后用水冲洗干净。

原子荧光光谱仪：配硒空心阴极灯。

天平：感量为 1 mg。

电热板。

微波消解系统：配聚四氟乙烯消解内罐。

四、操作步骤

（一）样品制备

在采样和制备过程中，应避免样品污染。

粮食、豆类样品：样品去除杂物后，粉碎，贮于塑料瓶中。

蔬菜、水果、鱼类、肉类等样品：样品用水洗净，晾干，取可食部分，制成匀浆，贮于塑料瓶中。

饮料、酒、醋、酱油、食用植物油、液态乳等液体样品：将样品摇匀。

(二)样品消解

1.湿法消解

称取固体样品 0.5～3 g(精确至 0.001 g)或准确移取液体样品 1.00～5.00 mL,置于锥形瓶,加 10 mL 硝酸－高氯酸混合酸(9:1)及几粒玻璃珠,盖上表面皿消化过夜。次日于电热板上加热,并及时补加硝酸。当溶液变为清亮无色并伴有白烟产生时,再继续加热至剩余体积为 2 mL 左右,切不可蒸干。冷却,再加 5 mL 盐酸溶液(6 mol/L),继续加热至溶液变为清亮无色并伴有白烟出现。

冷却后转移至 10 mL 容量瓶,加入 2.5 mL 铁氰化钾溶液(100 g/L),用水定容,混匀待测。同时做试剂空白试验。

2.微波消解

称取固体样品 0.2～0.8 g(精确至 0.001 g)或准确移取液体样品 1.00～3.00 mL,置于消化管,加 10 mL 硝酸、2 mL 过氧化氢,振摇混合均匀,于微波消解仪中消化。消解结束待冷却后,将消化液转入锥形烧瓶,加几粒玻璃珠,在电热板上继续加热至近干,切不可蒸干。再加 5 mL 盐酸溶液(6 mol/L),继续加热至溶液变为清亮无色并伴有白烟出现,冷却,转移至 10 mL 容量瓶,加入 2.5 mL 铁氰化钾溶液(100 g/L),用水定容,混匀待测。同时做试剂空白试验。

(三)测定

1.仪器参考条件

根据各自仪器性能调至最佳状态。参考条件为:负高压 340 V;灯电流 100 mA;原子化温度 800 ℃;炉高 8 mm;载气流速 500 mL/min;屏蔽气流速 1 000 mL/min。测量方式:标准曲线法;读数方式:峰面积;延迟时间 1 s;读数时间 15 s;加液时间 8 s;进样体积 2 mL。

2.标准曲线的制作

以盐酸溶液(5%)为载流,硼氢化钠碱溶液(8 g/L)为还原剂,连续用标准系列的零管进样,待读数稳定之后,将硒标准系列溶液按质量浓度由低到高的顺序分别导入仪器,测定其荧光强度,以质量浓度为横坐标,荧光强度为纵坐标,制作标准曲线。

3.样品测定

在与测定标准系列溶液相同的实验条件下,将空白溶液和样品溶液分别导入仪器,测其荧光值强度,与标准系列比较定量。

五、结果计算

样品中硒的含量按式计算:

$$X = \frac{(\rho - \rho_0) \times V}{m \times 1000}$$

式中:X——样品中硒的含量,mg/kg 或 mg/L;

ρ——样品溶液中硒的质量浓度,μg/L;

ρ_0——空白溶液中硒的质量浓度,μg/L;

V——样品消化液的总体积,mL;

m——样品的称样量或移取体积,g 或 mL。

当硒含量≥1.00 mg/kg(或1.00 mg/L)时,计算结果保留三位有效数字,当硒含量<1.00 mg/kg(或1.00 mg/L)时,计算结果保留两位有效数字。

六、注意事项

在开启仪器前,一定要注意开启载气。

一定注意各泵管无泄漏,定期向泵管和压块间滴加硅油。

实验时注意在气液分离器中不要有积液,以防溶液进入原子化器。

在测试结束后,一定在空白溶液杯和还原剂容器内加入蒸馏水,运行仪器清洗管道,关闭载气,并打开压块,放松泵管。

从自动进样器上取下样品盘,清洗样品管及样品盘,防止样品盘被腐蚀。

硒的检测属于痕量分析,要求整个实验空白要低,实验中要严格控制污染。

湿法消化样品时,切勿烧干。消化时小心操作,防止被浓酸灼伤。

在重复性条件下获得的两次独立测定结果的绝对差值不得超过算术平均值的10%。

当称样量为1 g(或1 mL),定容体积为10 mL时,方法的检出限为0.002 mg/kg(或0.002 mg/L),定量限为0.006 mg/kg(或0.006 mg/L)。

第五章 食品中添加剂检测技能

第一节　食品中防腐剂的检测

一、山梨酸（钾）的测定

（一）理化性质

山梨酸俗名花楸酸，化学名称为2,4-己二烯酸。山梨酸及其钾盐作为酸性防腐剂，在酸性介质中对霉菌、酵母菌、好气性细菌有良好的抑制作用，可与这些微生物酶系统中的巯基结合使之失活。但其对厌氧的芽孢杆菌、乳酸菌无效。山梨酸是一种不饱和脂肪酸，在肌体内可参与正常的新陈代谢，对人体无毒性，是目前被认为最安全的一类食品防腐剂。

（二）分离方法

称取100 g样品，加200 mL水于组织捣碎机中捣成匀浆。称取匀浆100 g，加水200 mL继续捣1 min，称取10 g于250 mL容量瓶定容，摇匀，过滤备用。

（三）山梨酸（钾）的测定

山梨酸（钾）的测定方法有气相色谱法、高效液相色谱法、分光光度法等。下面介绍分光光度法。

1.测定原理

提取样品中山梨酸及其盐类，经硫酸-重铬酸钾氧化成丙二醛，再与硫代巴比妥酸形成红色化合物，其颜色深浅与丙二醛含量成正比，可于波长530 nm处比色定量。

2.试剂

重铬酸钾-硫酸溶液：1/60 mol/L重铬酸钾与0.15 mol/L硫酸以1∶1混合备用。

硫代巴比妥酸溶液:准确称取0.5 g硫代巴比妥酸于100 mL容量瓶,加20 mL水,加10 mL 1 mol/L氢氧化钠溶液,摇匀溶解后再加1 mol/L盐酸1 mL,以水定容(临时用配制,6 h内使用)。

山梨酸钾标准溶液:准确称取250 mg山梨酸钾于250 mL容量瓶,用蒸馏水溶解并定容(本溶液山梨酸含量为1 mg/mL,使用时再稀释为0.1 mg/mL)。

3.仪器

分光光度计、组织捣碎机、10 mL比色管。

4.操作步骤

(1)标准曲线绘制

吸取0.0 mL、2.0 mL、4.0 mL、6.0 mL、8.0 mL、10.0 mL山梨酸钾标准溶液于250 mL容量瓶,用水定容,分别吸取2.0 mL,于相应的10 mL比色管中,加2 mL重铬酸钾–硫酸溶液,于100 ℃水浴中加热7 min,立即加入2.0 mL硫代巴比妥酸,继续加热10 min,立刻用冷水冷却,于530 nm处测吸光度,绘制标准曲线。

(2)样品测定

吸取样品处理液2 mL于10 mL比色管中,按标准曲线绘制操作,于530 nm处测吸光度,以标准曲线定量。

5.结果计算

$$\omega_1 = \frac{m_1 \times 250 \times 10^{-3}}{m \times 2.00}$$

$$\omega_2 = \frac{\omega_1}{1.34}$$

式中:ω_1——山梨酸钾的质量分数,%;

ω_2——山梨酸的质量分数,%;

m_1——试液中含山梨酸钾的质量,mg;

m——称取匀浆相当于样品质量,g;

1.34——山梨酸与山梨酸钾之间的换算系数。

二、苯甲酸的测定

(一)理化性质

苯甲酸俗称安息香酸,是最常用的防腐剂之一。此前已有苯甲酸引起叠加(蓄积)中毒的报道,因对其安全性尚有争议,故有逐步被山梨酸盐类防腐剂取代的趋势。在我国,由于山梨酸盐类防腐剂的价格比苯甲酸类防腐剂要贵很多,一般多用于出口食品或婴幼儿食品,普通酸性食品则以苯甲酸(钠)应用为主。

(二)分离与富集过程

称取 2.50 g 事先混合均匀的样品,置于 25 mL 带塞量筒中,加 0.5 mL 盐酸(50%)酸化,用 15 mL、10 mL 乙醚提取两次,每次振摇 1 min,静置分层后将上层乙醚提取液吸入另一个 25 mL 带塞量筒,合并乙醚提取液。用 3 mL 氯化钠酸性溶液(40 g/L)洗涤两次,静置 15 min,用滴管将乙醚层通过无水硫酸钠滤入 25 mL 容量瓶,用乙醚洗量筒及硫酸钠层洗液并入容量瓶。加乙醚至刻度,混匀。准确吸取 5 mL 乙醚提取液于 5 mL 带塞刻度试管中,置 40 ℃ 水浴上挥干,加入 2 mL 石油醚-乙醚(3+1)混合溶剂溶解残渣,备用。

苯甲酸(钠)的测定有气相色谱法、紫外分光光度法、高效液相色谱法和滴容法等。气相色谱法和高效液相色谱法灵敏度高,分析结果准确,随着仪器的普及,被广泛采用,下面重点介绍气相色谱法。

1. 测定原理

样品酸化后,用乙醚提取苯甲酸,用附氢火焰离子化检测器的气相色谱仪进行分离测定,与标准系列比较定量。

2. 试剂

乙醚:不含过氧化物。

石油醚:沸程 30 ~ 60 ℃。

盐酸(1+1)。

无水硫酸钠。

氯化钠酸性溶液(40 g/L):于氯化钠溶液(40 g/L)中加少量盐酸(1+1)酸化。

苯甲酸标准溶液:准确称取苯甲酸 0.200 0 g,置于 100 mL 容量瓶,用石油醚-乙醚(3+1)混合溶剂溶解并稀释至刻度(此溶液每毫升相当于 2.0 mg 苯甲酸)。

苯甲酸标准使用液:吸取适量的苯甲酸标准溶液,以石油醚-乙醚(3+1)混合溶剂稀释至每毫升相当于 50 μg、100 μg、150 μg、200 μg、250 μg 苯甲酸。

3. 主要仪器

气相色谱仪:具有氢火焰离子化检测器。

4. 操作方法

(1)色谱参考条件

色谱柱:玻璃柱,内径3 mm,长2 m,内装涂以5%聚二乙二醇丁二脂(DEGS)+1%磷酸固定液的60~80目Chromosorb WAW。

气流速度:载气为氮气,50 mL/min(氮气和空气、氢气之比按各仪器型号不同,选择各自的最佳比例条件)。

温度:进样口230 ℃;检测器230 ℃;柱温170 ℃。

(2)测定

进样2 μL标准系列中各浓度标准使用液于气相色谱仪,可测得不同浓度苯甲酸的峰高,以浓度为横坐标,相应的峰高为纵坐标,绘制标准曲线。同时进样2 μL样品溶液。测得峰高与标准曲线比较定量。

5. 结果计算

$$\omega = \frac{m_1 \times 10^{-6}}{m \times (5.00/25.00) \times (V_2/V_1) \times 1000}$$

式中:ω——样品中苯甲酸的质量分数,%;

m_1——测定用样品液中苯甲酸的质量,μg;

V_1——加入石油醚–乙醚(3+1)混合溶剂的体积,mL;

V_2——样品的进样体积,μL;

m——样品的质量,g;

5.00——测定时乙醚提取液的体积,mL;

25.00——样品乙醚提取液的总体积,mL。

第二节　食品中甜味剂的检测

一、糖精钠的测定

糖精钠俗称糖精,是广泛使用的一种人工甜味剂,常用食品如酱菜、冰淇淋、蜜饯、糕点、饼干、面包等均可以糖精钠作甜味剂,以提高其甜度。糖精钠的定量分析方法有高效液相色谱法、薄层色谱法、离子选择电极法及紫外分光光度法等。目前使用较多的是高效液相色谱法,下面介绍高效液相色谱法。

(一)测定原理

样品加温除去二氧化碳和乙醇,调 pH 至近中性,过滤后进高效液相色谱仪,经反相色谱分离后,根据保留时间和峰面积进行定性和定量。

(二)试剂

甲醇:经 0.5 μm 滤膜过滤。

氨水(1+1):氨水加等体积水混合。

乙酸铵溶液(0.02 mol/L):称取 1.54 g 乙酸铵,加水至 1 000 mL 溶解,经 0.45 μm 滤膜过滤。

糖精钠($C_6H_4CONNaSO_2 \cdot 2H_2O$)标准储备溶液:准确称取 0.085 1 g 经 120℃烘干 4 h 后的糖精钠,加水溶解定容至 100.0 mL 糖精钠含量 1.0 mg/mL,作为储备溶液。

糖精钠标准使用溶液:吸取糖精钠标准储备液 10.0 mL 放入 100 mL 容量瓶,加水至刻度。经 0.45 μm 滤膜过滤。该溶液每毫升相当于 0.10 mg 的糖精钠。

(三)仪器

高效液相色谱仪,紫外检测器。

(四)分析步骤

1. 样品处理

碳酸类饮料:称取 5.00 ~ 10.00 g 放入小烧杯中,微温搅拌除去二氧化碳,用氨水(1+1)调 pH 约 7。加水定容至适当的体积,经 0.45 μm 滤膜过滤。

果汁类:称取 5.00 ~ 10.00 g,用氨水(1+1)调 pH 约 7,加水定容至适当的体积,离心沉淀,上清液经 0.45 μm 滤膜过滤。

配制酒类:称取 10.0 g,放小烧杯中,水浴加热除去乙醇,用氨水(1+1)调 pH 约 7,加水定容 20 mL,经 0.45 μm 滤膜过滤。

2. 高效液相色谱参考条件

色谱柱:YWG-C$_{18}$ 4.6 mm×250 mm,10 μm 不锈钢柱。

流动相:甲醇–乙酸铵溶液(0.02 mol/L)(5+95)。

流速:1 mL/min。

检测器:紫外检测器,波长230 nm,灵敏度0.2 AUFS。

3.测定

取样品处理液和标准使用液各10 μL(或相同体积)注入高效液相色谱仪进行分离,以其标准溶液峰的保留时间为依据进行定性,以其峰面积求出样液中被测物质的含量,供计算。

(五)结果计算

$$X = \frac{m_1 \times 1000}{m_2 \times \dfrac{V_2}{V_1} \times 1000}$$

式中:X——样品中糖精钠的含量,g/kg;

m_1——样品的进样体积中糖精钠的质量,mg;

V_2——样品的进样体积,mL;

V_1——样品稀释液的总体积,mL;

m_2——样品的质量,g。

(六)讨论

高效液相色谱法取样量为10 g,进样量为10 μL,最低检出量为1.5 ng。

允许差:相对相差≤10%。

本方法糖精钠回收率为90%~110%。

用此高效液相分离条件可以同时测定糖精钠、苯甲酸和山梨酸。

山梨酸的波长为245 nm,在此波长下测苯甲酸、糖精钠灵敏度较低,苯甲酸、糖精钠灵敏度波长为230 nm。考虑到三种被测组分的灵敏度,采用波长为230 nm。

在本实验条件下,苯甲酸、山梨酸、糖精钠的出峰时间依次为3.88 min,4.70 min,7.27 min。

所用的移动相中甲醇的量根据不同规格的柱可以做改变,一般在5%~7%之间变化。

二、甜蜜素的测定

甜蜜素化学名称为环己基氨基磺酸钠,是目前我国食品行业中应用最多的一种甜味剂。甜蜜素含量检测目前有气相色谱检测方法、分光光度法等。

(一)气相色谱法

1.测定原理

在硫酸介质中环己基氨基磺酸钠与亚硝酸钠反应,生成环乙醇亚硝酸酯,利用气相色谱法进行定性和定量。

2.试剂

环己基氨基磺酸钠标准溶液(含环己基氨基磺酸钠,98%):精确称取1.000 0 g环己基氨基磺酸钠,加水溶解并定容至100 mL,此溶液环己基氨基磺酸钠的浓度为10.00 mg/mL。

硫酸溶液(100 g/L):称取50 g浓硫酸,用水定容至500 mL。

亚硝酸钠溶液(50 g/L):称取25 g亚硝酸钠,用水定容至500 mL。

正己烷。

氯化钠。

色谱硅胶(或海砂)。

3.仪器

气相色谱仪(带氢火焰离子化检测器);离心机;10 μL微量进样器;漩涡混合器。

4.色谱条件

色谱柱:长2 m,内径3 mm,U形不锈钢柱。

固定相:Chromosorb WAW DMCS 80～100目,涂以10% SE-30。

测定条件:柱温80 ℃;汽化温度150 ℃;检测温度150 ℃。流速——氮气40 mL/min,氢气30 mL/min,空气300 mL/min。

5.分析步骤

(1)样品处理

液体样品:摇匀后直接称取。含二氧化碳的样品先加热除去;含酒精的样品加40 g/L氢氧化钠溶液调制碱性,于沸水浴中加热除去,制成样品。

固体样品:凉果、蜜饯类样品将其剪碎制成样品。

(2)样品制备

液体样品:称取20.0 g样品于100 mL带塞比色管,置冰浴中。

固体样品:称取20.0 g已剪碎的样品于研钵中,加少许色谱硅胶(或海砂)研磨至呈干粉状,经漏斗倒入100 mL容量瓶,加水冲洗研钵,并将洗液一并转移至容量瓶,加水至刻度,不时摇动,1 h后过滤,即得试料,准确吸取20 mL于1 000 mL带塞比色管,置冰浴中。

(3)测定

标准曲线的制备:准确吸取1.00 mL环己基氨基磺酸钠标准溶液于100 mL带塞比色管中,加水20 mL,置冰浴中,加入5 mL 50 g/L亚硝酸钠溶液、5 mL 100 g/L硫酸溶液,摇匀,在冰浴中放置30 min,并经常摇动。然后准确加入10 mL正己烷、5 g氯化钠,摇匀后置漩涡混合器上振动1 min(或振摇80次),待静置分层后吸出己烷层于10 mL带塞离心管中进行离心分离。此时1 mL己烷提取液相当于1 mg环己基氨基磺酸钠。将标准提取液进样1~5 μL于气相色谱仪中,根据响应值绘制标准曲线。

样品管加入5 mL 50 g/L亚硝酸钠溶液、5 mL 100g/L硫酸溶液,摇匀,在冰浴中放置30 min,并经常摇动,然后准确加入10 mL正己烷、5 g氯化钠,摇匀后置漩涡混合器上振动1 min(或振摇80次),待静置分层后吸出己烷层于10 mL带塞离心管中进行离心分离。然后将样品提取液同样进样1~5 μL,测得响应值,从标准线图中查出相应含量。

6.结果计算

$$X = \frac{10 \times A}{m \times V}$$

式中:X——样品中环己基氨基磺酸钠的含量,g/kg;

m——样品的质量,g;

V——样品的进样体积,μL;

10——正己烷的加入量,mL;

A——测定用试料中环己基氨基磺酸钠的质量,μg。

结果的表述:报告算术平均值小数点后保留两位。

(二)分光光度法

1.测定原理

在硫酸介质中环己基氨基磺酸钠与亚硝酸钠反应,生成环己醇亚硝酸异戊酯,与磺胺重氮化后再与盐酸萘乙二胺偶合生成红色染料,在550 nm波长处测其吸光度,与标准比较定量。

2.试剂

三氯甲烷。

甲醇。

透析剂:称取0.5 g氯化汞和12.5 g氯化钠于烧杯中,以0.01 mol/L盐酸溶液定容至100 mL。

亚硝酸钠溶液:10 g/L。

硫酸溶液:100 g/L。

尿素溶液:100 g/L,临用时新配或冰箱保存。

盐酸溶液:100 g/L。

磺胺溶液:10 g/L。称取1 g磺胺溶于10%盐酸溶液中,最后定容至100 mL。

盐酸萘乙二胺溶液:1 g/L。

环己基氨基磺酸钠溶液:精确称取0.100 0 g环己基氨基磺酸钠,加水溶解,最后定容至100 mL,此溶液每毫升含环己基氨基磺酸钠1 mg。临用时将环己基氨基磺酸钠标准溶液稀释10倍,此液每毫升含环己基氨基磺酸钠0.1 mg。

3.仪器

分光光度计;漩涡混合器;离心机;透析纸。

4.样品处理

同气相色谱法。

5.操作方法

(1)提取

液体样品:称取10.0 g样品于透析纸中,加10 mL透析剂,将透析纸口扎紧,放入盛有100 mL水的200 mL广口瓶内,加盖,透析20~24 h得透析液。

固体样品:准确吸取10.0 mL经处理后的样品提取液于透析纸中。

(2)测定

取两支50 mL带塞比色管,分别加入10 mL透析液和10 mL标准液,于0~3 ℃冰浴中,加入1 mL 10 g/L亚硝酸钠溶液、1 mL 100 g/L硫酸溶液,摇匀后放入冰水中不时摇动,放置1 h。取出后加15 mL三氯甲烷,置漩涡混合器上振动1 min,静置后吸去上层清液,再加15 mL水,振动1 min,静置后吸去上层清液,加10 mL 100 g/L尿素溶液、2 mL 100 g/L盐酸溶液,再振动5 min,静置后吸去上层清液,加15 mL水,振动1 min,静置后吸去上层清液,分别准确吸出5 mL三氯甲烷于2支25 mL比色管中。另取一支25 mL比色管加入5 mL三氯甲烷作参比管。于各管中加入15 mL甲醇、1 mL 10 g/L磺胺,置冰水中15 min,取出恢复常温后加入1 mL 1 g/L盐酸萘乙二胺溶液,加甲醇至刻度,在15~30 ℃下放置20~30 min,用1 cm比色皿于波长550 nm处测定吸光度。

另取两支50 mL带塞比色管,分别加入10 mL水和10 mL透析液,除不加10 g/L亚硝酸钠外,其他按前述方法进行,测得吸光度。

6.结果计算

$$X = \frac{c}{m} \times \frac{A - A_0}{A_s - A_{s0}} \times \frac{100 + 10}{V} \times \frac{1}{1000} \times \frac{1000}{1000}$$

式中:X——样品中环己基氨基磺酸钠的含量,g/kg;

m——样品的质量,g;

V——透析液的用量,mL;

c——标准管的质量浓度,μg/mL;

A_s——标准液的吸光度;

A_{s0}——水的吸光度;

A——试料透析液的吸光度;

A_0——不加亚硝酸铀的试料透析液的吸光度。

第六章 食品中有毒有害成分检测技能

第一节 食品中农药残留的检测

农药广义上是指农业上使用的化学品。狭义上是指用于防治农、林有害生物的化学、生物制剂及为改善其理化性状而用的辅助剂。农药在防治农作物病虫害、控制人畜传染病、提高农畜产品的产量和质量等方面,都起着重要的作用。农药施用后,微量农药原体、有毒代谢产物、降解物和杂质残存在生物体、农副产品和环境中,会构成不同程度的毒性。大量使用农药会造成对农副产品、食物的污染。

一、有机磷农药的检测

有机磷农药是含有C—P键或C—O—P,C—S—P,C—N—P键的有机化合物,包括磷酸酯类化合物及硫代磷酸酯类化合物。目前正式商品化的有机磷农药有上百种,具有代表性的有敌敌畏、敌百虫、马拉硫磷、对硫磷、乐果、辛硫磷、甲胺磷、甲拌磷(3911)、氧化乐果、二溴磷、久效磷、磷铵、杀螟硫磷、甲基对硫磷、倍硫磷、内吸磷(1059)、双硫磷、乙酰甲胺磷、二嗪磷、丙溴磷等。

(一)原理

含有机磷的样品在富氢焰上燃烧,以HPO碎片的形式放射出波长526 nm的特性光,这种光通过滤光片选择后由光电倍增管接收转换成电信号,经微电流放大器放大后被记录下来。样品的峰面积或峰高与标准品的峰面积或峰高进行比较定量。

(二)仪器

气相色谱仪:带NPD检测器或FPD检测器;粉碎机;组织捣碎机;旋转蒸发仪;振荡器;真空泵;水浴锅。

(三)操作方法

1.样品制备

取粮食样品经粉碎机粉碎过20目筛制成样品。取水果、蔬菜样品洗净,晾干,去掉非可食部分后制成待分析样品。

2.提取

水果、蔬菜:精确称取50.00 g样品,置于300 mL烧杯中,加入50 mL水和100 mL丙酮,用组织捣碎机提取1~2 min。匀浆液经布氏漏斗减压抽滤。量取100 mL滤液至500 mL分液漏斗中。

谷物:称取25.00 g样品置于300 mL烧杯中,加入50 mL水和100 mL丙酮,以下步骤同水果、蔬菜。

注意取样的均一性和代表性。提取液总体积为150 mL。组织捣碎机使用前应清洗干净,以防操作过程中样品受到污染或残留量发生改变。

3.净化

向提取到的滤液中加入10~15 g氯化钠,使溶液处于饱和状态。猛烈振摇2~3 min,静置10 min,使丙酮从水相中盐析出来,水相用50 mL二氯甲烷振摇2 min,再静置分层。将丙酮与二氯甲烷提取液合并,经装有20~30 g无水硫酸钠的玻璃漏斗脱水滤入250 mL圆底烧瓶,再以约40 mL二氯甲烷分数次洗涤容器和无水硫酸钠。洗涤液也并入烧瓶,用旋转蒸发器浓缩至约2 mL,浓缩液定量转移至5~25 mL容量瓶,加二氯甲烷定容。

4.色谱参考条件色谱柱

玻璃柱2.6 m×3 mm,填装涂有4.5% DC-200、2.5% OV-17的Chromosorb WAW DMCS(80~100目)的担体。

玻璃柱2.6 m× 3mm,填装涂有1.5% DCOE-1的Chromosorb WAW DMCS(60~80目)的担体。

气体速度:氮气50 mL/min,氢气100 mL/min,空气50 mL/min。

柱温:240 ℃。

汽化室温度:260 ℃。

检测器温度:270 ℃。

(四)结果计算

以样品色谱峰的保留时间与农药标准的保留时间比较而判断样品中是否

含有该种农药残留。以样品的峰高或峰面积与标准比较定量:

$$\omega = \frac{A_i V_1 V_3 m_s \times 1000}{A_{is} V_2 V_4 m \times 1000}$$

式中:ω——样品中农药的含量,$\mu g/kg$;

V_1——样品提取液的总体积,mL;

V_2——净化用提取液的总体积,mL;

V_3——浓缩后的定容体积,mL;

V_4——样品的进样体积,mL;

m——样品的质量,g;

m_s——注入色谱仪中的标准组分的质量,ng;

A_i——样品中i组分的峰面积,积分单位;

A_{is}——混合标准液中i组分的峰面积,积分单位。

二、氨基甲酸酯类农药残留的检测

氨基甲酸酯类农药是一类含氮有机化合物,是在禁用六六六等有机氯农药之后使用量较大的一类农药,氨基甲酸酯类农药作用迅速、持效期短、选择性强,在作物中用作杀虫剂、除草剂、杀菌剂等。

(一)原理

含氮有机化合物被色谱柱分离后,在加热的碱金属片上热分解产生氰自由基。氰自由基从被加热的碱金属表面放出的原子状态碱金属处接受电子变成CN—,再与氢原子结合。由收集器收集信号电流。

(二)仪器

气相色谱仪:火焰热离子检测器;电动振荡器;组织捣碎机;粮食粉碎机;恒温水浴锅;减压浓缩装置等。

(三)操作方法

1.样品的制备

粮食经粮食粉碎机粉碎,过20目筛制成粮食样品;蔬菜去掉非食用部分后剁碎或经组织捣碎机捣碎制成蔬菜样品。

2.提取

粮食:称取40 g粮食样品,精确至0.001 g,置于250 mL具塞锥形瓶,加入20～40 g无水硫酸钠、100 mL无水甲醇。塞紧,摇匀,于电动振荡器上振荡30 min。

然后经快速滤纸过滤于量筒中,收集50 mL滤液转入250 mL分液漏斗中,用50 mL 50 g/L氯化钠溶液洗涤量筒,并入分液漏斗。

蔬菜:称取20 g蔬菜样品,精确至0.001 g,置于250 mL带塞锥形瓶,加入抽滤瓶,用50 mL无水甲醇分次洗涤提取瓶及滤器。将滤液转入500 mL分液漏斗,用100 mL 50g/L氯化钠水溶液洗涤滤器,并将滤液倒入分液漏斗。

3. 净化

粮食:于盛有样品提取液的250 mL分液漏斗中加入50 mL石油醚,振荡1 min静置分层后,将下层放入第二个250 mL分液漏斗,加25 mL甲醇-氯化钠溶液于石油醚层。振荡30 s静置分层后,将下层并入甲醇-氯化钠溶液。

蔬菜:于盛有样品提取液的500 mL分液漏斗中加入50 mL石油醚,振荡1 min,静置分层后将下层放入第二个500 mL分液漏斗,并加50 mL石油醚振荡1 min,静置分层后将下层放入第三个500 mL分液漏斗。然后用25 mL甲醇-氯化钠溶液洗涤,并入第三个分液漏斗。

4. 浓缩

于盛有样品净化液的分液漏斗中,用二氯甲烷(50 mL,25 mL,25 mL)依次提取3次,每次振摇1 min,静置分层后将二氯甲烷层过滤于250 mL蒸馏瓶。将蒸馏瓶接上减压浓缩装置,于50 ℃水浴上减压浓缩至1 mL左右,取下蒸馏瓶。将残余物转入10 mL刻度离心管,用二氯甲烷反复洗涤蒸馏瓶并入离心管。然后吹氮气除尽二氯甲烷溶剂,用丙酮溶解残渣并定容至2.0 mL,以供后面的步骤使用。

5. 色谱参考条件

色谱柱:玻璃柱,内装涂有2% OV-101+6% OV-210混合固定液的Chromosorb W(HP)80~100目担体。

气体速度:氮气65 mL/min,空气150 mL/min,氢气3.2 mL/min。

柱温:190 ℃。

进样口或检测温度:240 ℃。

6. 样品测定

取上述浓缩步骤中的样品液及标准液各1 μL注入气相色谱仪中,做色谱分析。根据组分在两根色谱柱上的出峰时间与标准组分比较定性分析;用外标法与标准组分比较定量分析。

（四）结果计算

$$\omega = \frac{E_i \times A_i \times 2\,000}{m \times A_E \times 1\,000}$$

式中：ω——样品中农药的含量，mg/kg；

E_i——标准样品中 i 组分的含量，ng；

A_i——样品中 i 组分的峰面积或峰高，积分单位；

A_E——标准样品中 i 组分的峰面积或峰高，积分单位；

m——样品质量，g。

三、拟除虫菊酯类农药残留的测定

有机菊酯是一类重要的合成杀虫剂，具有防治多种害虫的广谱功效，其杀虫毒力比老一代杀虫剂，如有机氯、有机磷、氨基甲酸酯类提高 10 ~ 100 倍。拟除虫菊酯对昆虫具有强烈的触杀作用，其作用机理是扰乱昆虫神经的正常生理，使之由兴奋、痉挛到麻痹而死亡。有机菊酯因用量小、使用浓度低，故对人畜较安全，对环境的污染很小。其缺点主要是对鱼毒性高，对某些益虫也有伤害，长期重复使用也会导致害虫出现耐药性。

（一）原理

样品中有机氯和拟除虫菊酯农药用有机溶剂提取，经液液萃取及层析净化除去干扰物质，用气相色谱仪检测，根据色谱峰的保留时间定性，外标法定量。

（二）仪器

气相色谱仪：带 ECD；电动振荡器；粉碎机；组织捣碎机；旋转蒸发仪；布氏漏斗：直径 80 mm；抽滤瓶：200 mL；具塞三角瓶：100 mL；分液漏斗：250 mL；层析柱。

（三）操作方法

1. 样品前处理

粮食样品经粉碎机粉碎，过 20 目筛备用；蔬菜样品擦净，去掉非可食部分后备用。

2. 提取

粮食：称取 10 g 粮食样品，置于 100 mL 具塞三角瓶，加入 20 mL 石油醚，于振荡器上振摇0.5 h。

蔬菜：称取20 g蔬菜样品，置于组织捣碎杯中，加入30 mL丙酮和30 mL石油醚，于捣碎机上捣碎2 min，捣碎液经抽滤，滤液移入250 mL分液漏斗中，加入100 mL 2%硫酸钠水溶液，充分摇匀，静置分层，将下层溶液转移到另一250 mL分液漏斗中，再用20 mL石油醚萃取2次，合并三次萃取的石油醚层，经无水硫酸钠干燥，于旋转蒸发仪上浓缩至10 mL。

3.净化

层析柱中先加入1 cm高无水硫酸钠，再加入5 g用5%水脱活的弗罗里硅土，最后再加入1 cm高无水硫酸钠，轻轻敲实，用20 mL石油醚淋洗净化柱，弃去淋洗液，柱面要留有少量液体。

准确吸取上述提取液2 mL，加入已淋洗过的净化柱中，用100 mL石油醚-乙酸乙酯(95∶5，体积比)洗脱，收集洗脱液于蒸馏瓶，于旋转蒸发仪上浓缩近干，用少量石油醚多次溶解残渣于刻度离心管中，最终定容至1.0 mL，供气相色谱分析。

4.色谱参考条件

毛细管色谱柱：OV-101，15 m×0.25 mm；载气为氮气，流速40 mL/min，分流比1∶50；尾吹气60 mL/min；检测器、进样口温度250 ℃；起始柱温180 ℃，3℃/min升至230 ℃后，保持30 min。

5.样品测定

吸取1.0 μL混合标液或净化样品液注入气相色谱仪，记录色谱峰的保留时间和峰高，以组分保留时间定性，采用外标法定量。

（四）结果计算

$$\omega = \frac{H_i \times m_{is} \times V_2}{H_{is} \times V_1 \times m} \times K$$

式中：ω——样品中农药的含量，mg/kg；

H_i——样品中i组分农药的峰高，mm；

H_{is}——标准样品中主组分农药的峰高，mm；

m——样品的质量，g；

m_{is}——标准样品中i组分农药的质量，ng；

V_1——样品的进样体积，μL；

V_2——样品最后定容的体积,mL;

K——稀释倍数。

第二节 食品中砷、铅、汞的检测

一、食品中砷的检测

(一)液相色谱-电感耦合等离子体质谱法(LC-ICP/MS法)

1.原理

食品中无机砷经稀硝酸提取后,以液相色谱进行分离,分离后的目标化合物经过雾化由载气送入ICP炬焰中,经过蒸发、解离、原子化、电离等过程,大部分转化为带正电荷的阳离子,经离子采集系统进入质谱仪,质谱仪根据质荷比进行分离测定。以保留时间定性和质荷比定性,外标法定量。

取样量为 1 g,定容体积为 20 mL 时,检出限为:稻米 0.01 mg/kg、水产动物 0.02 mg/kg、婴幼儿辅助食品 0.01 mg/kg;定量限为:稻米 0.03 mg/kg、水产动物 0.06 mg/kg、婴幼儿辅助食品 0.03 mg/kg。

2.试剂和材料

除非另有说明,所用试剂均为优级纯,水为《分析实验室用水规格和试验方法》(GB/T 6682-2008)规定的一级水。

试剂硝酸;正己烷;碳酸铵;盐酸。

溶液配制硝酸溶液(0.15 mol/L):量取 10 mL 盐酸,溶于水并稀释至 1 000 mL。

标准品:三氧化二砷(As_2O_3)标准品;砷酸二氢钾(KH_2AsO_4)标准品。

标准溶液配制如下。

亚砷酸盐 As(Ⅲ)标准储备液(100 mg/L,按 As 计):准确称取三氧化二砷 0.013 2 g,加 100 g/L 氢氧化钾溶液 1 mL 和少量水溶解,转入 100 mL 容量瓶,加入适量盐酸调整其酸度近中性,纯水稀释至刻度。4 ℃保存,保存期一年。或购买经国家认证并授予标准物质证书的标准溶液物质。

砷酸盐 As(Ⅴ)标准储备溶液(100 mg/L,按 As 计):准确称取砷酸二氢钾 0.024 0 g,用水溶解,转入 100 mL 容量瓶并稀释至刻度。4 ℃保存,保存期一年。或购买经国家认证并授予标准物质证书的标准溶液物质。

As（Ⅲ）与As（Ⅴ）混合标准使用液（1.00 mg/L，按As计）：分别准确移取As（Ⅲ）与As（Ⅴ）标准储备液各1.0 mL置于100 mL容量瓶，用水稀释至刻度。现用现配。

标准系列溶液的配制：准确量取混合标准使用溶液（1 000 ng/mL）0 mL、0.01 mL、0.025 mL、0.05 mL、0.1 mL、0.2 mL、0.4 mL置于10 mL容量瓶，以2%硝酸溶液稀释至刻度，摇匀，配置成每毫升含两种砷分别为0.0 ng、1.0 ng、2.5 ng、5 ng、10 ng、20 ng、40 ng的混合标准系列溶液。

3.仪器和设备

液相色谱仪串联电感耦合等离子体质谱仪；天平（感量为0.1 mg和1.0 mg）；组织匀浆器；离心机；超声清洗器；涡旋仪；恒温箱。

4.分析步骤

（1）样品制备

稻米去除杂物、婴幼儿辅助食品粉碎均匀，装入洁净聚乙烯瓶，密封保存备用。

对于罐头，取可食部分匀浆，装入洁净聚乙烯瓶，密封保存备用。

水产动物，取新鲜样品，洗净晾干，取可食部分匀浆，装入洁净聚乙烯瓶，密封于4 ℃冰箱冷藏备用。

（2）样品提取

称取样品约1.0 g（准确至0.001 g）于50 mL塑料离心管中，加入20 mL 0.15 mol/L硝酸溶液，放置过夜。于90 ℃恒温箱中热浸提2.5 h，每0.5 h振摇1 min。提取完毕，取出冷却至室温，8 000 r/min离心15 min，取上层清液，经0.45 μm有机滤膜过滤后进样测定。同时做空白试验。

空白试验：不加样品，与样品制备过程同步操作，进行空白试验。

（3）仪器参考条件

液相色谱参考条件如下。

色谱柱：阴离子交换色谱柱（4 mm×250 mm）或相当色谱柱。

流动相（A相：2.5 mmol/L碳酸铵，B相：100 mmol/L碳酸铵）经0.45 μm水系滤膜过滤后，于超声水浴中超声脱气30 min。现用现配。

流速：1.0 mL/min。

柱温:30 ℃。

进样体积:25 μL。

电感耦合等离子体质谱仪工作参考条件如下。

采集模式:KED 检测质量数 $m/z=75$(As);泵速 60 rpm;射频功率 1 550 W;提取透镜电压-76.67 V;聚焦电压 21 V;冷却气流量 14 mL/min;采样深度 5 mm;雾化器流量 1.01 mL/min。

标准曲线的绘制:将混合标准系列溶液依次进行测定,以峰面积为纵坐标,目标化合物的浓度值为横坐标绘制标准曲线,得到回归方程。

测定:将待测溶液注入仪器进行测定,得到色谱图,以保留时间定性。

根据标准曲线得到样品溶液中 As(Ⅲ)与 As(Ⅴ)含量,As(Ⅲ)与 As(Ⅴ)含量的加和为总无机砷含量。

5. 计算

样品中无机砷含量按下式计算。

$$X = \frac{(C - C_0) \times V \times 1000}{m \times 1000 \times 1000}$$

式中:X——样品中无机砷 As(Ⅲ)或 As(Ⅴ)的含量(以 As 计),mg/kg 或 mg/L;

C——样品中无机砷 As(Ⅲ)或 As(Ⅴ)的质量浓度(以 As 计),ng/mL;

C_0——空白溶液中无机砷 As(Ⅲ)或 As(Ⅴ)的质量浓度,ng/mL;

V——样品溶液定容的总体积,mL;

m——称样量,g 或 mL。

总无机砷含量等于 As(Ⅲ)与 As(Ⅴ)含量的加和。

计算结果保留两位有效数字。

6. 精密度

在相同条件下获得的两次独立测定结果的绝对差值不得超过算术平均值的20%。

7. 注意事项

所有玻璃器皿需在硝酸溶液(20%)中浸泡过夜,用纯水反复冲洗干净。

如果有不澄清的样品,应过滤后进样,以免堵塞电感耦合等离子体质谱法的雾化器管路。

在C18小柱净化时,使用前依次用10 mL甲醇、15 mL水活化,活化后,静置30 min将水抽干,再进行样品溶液的收集,否则回收率会偏低。

(二)液相色谱–原子荧光光谱法(LC-AFS法)

1.简述

食品中的无机砷经稀硝酸提取后,以液相色谱进行分离,分离后的目标化合物在酸性环境下与硼氢钾反应,生成气态砷化合物,用原子荧光光谱仪进行测定。保留时间定性,外标法定量。

取样量为1 g,定容体积为20 mL时,检出限为稻米0.02 mg/kg、水产动物0.03 mg/kg、婴幼儿辅助食品0.02 mg/kg;定量限为稻米0.05 mg/kg、水产动物0.08 mg/kg、婴幼儿辅助食品0.05 mg/kg。

2.试剂和材料

除非另有说明,所用试剂均为优级纯,水为GB/T 6682-2008规定的一级水。

(1)试剂

硝酸;磷酸二氢铵;硼氢化钾;氢氧化钾;正己烷;氨水;盐酸;高纯氩气。

(2)溶液配制

硝酸溶液(0.15 mol/L):取10 mL硝酸,缓慢溶于水中,并稀释至1 000 mL。

氢氧化钾溶液(100 g/L):称取10 g氢氧化钾,溶于水并稀释至100 mL。

氢氧化钾溶液(5 gL):称取5g氢氧化钾,溶于水并稀释至1 000 mL。

硼氢化钾溶液(30 g/L):称取30 g硼氢化钾,用5 g/L氢氧化钾溶液溶解并定容至1 000 mL。现用现配。

盐酸溶液(20%):量取200 mL盐酸,缓慢溶于水并稀释至1 000 mL。

磷酸二氢铵溶液(20 mmol/L):称取2.3 g磷酸二氢铵,溶于1 000 mL水中,以氨水调节pH至8.0,经0.45 μm水系滤膜过滤后于超声水浴中超声脱气30 min,备用。

磷酸二氢铵溶液(1 mmol/L):量取20 mmol/L磷酸二氢铵溶液50 mL,水稀释至1 000 mL,以氨水调节pH至9.0,经0.45 μm水系滤膜过滤后于超声水浴中超声脱气30 min,备用。

磷酸二氢铵溶液(15 mmol/L):称取1.7 g磷酸二氢铵,溶于1 000 mL水中,以氨水调节pH至6.0,经0.45 μm水系滤膜过滤后于超声水浴中超声脱气30 min,备用。

（3）标准品

三氧化二砷（As$_2$O$_3$）标准品；砷酸二氢钾（KH$_2$AsO$_4$）标准品。

（4）标准溶液配制

亚砷酸盐[As（Ⅲ）]标准储备液（100 mg/L，以As计）：准确称取三氧化二砷 0.013 2 g，加入 100 g/L 氢氧化钾溶液 1 mL 和少量水溶解，转入 100 mL 容量瓶，加入适量盐酸调整其酸度近中性，加水稀释至刻度。4 ℃保存，保存期一年。或购买经国家认证并授予标准物质证书的标准贮备液。

砷酸盐[As（Ⅴ）]标准储备液（100 mg/L，以As计）：准确称取砷酸二氢钾 0.024 0 g，用水溶解，转入 100 mL 容量瓶并用水稀释至刻度。4℃保存，保存期一年。购买经国家认证并授予标准物质证书的标准贮备液。

As（Ⅲ）、As（Ⅴ）混合标准使用液（1.00 mg/L，以As计）：分别准确吸取 1.00 mL As（Ⅲ）标准储备液（100 mg/L）、1.00 mL As（Ⅴ）标准储备液（100 mg/L）于 100 mL 容量瓶，用水稀释并定容至刻度。现用现配。

标准系列溶液的配制：取 7 个 10 mL 容量瓶，分别准确加入 1.00 mg/L 混合标准使用液 0.00 mL、0.05 mL、0.10 mL、0.20 mL、0.30 mL、0.50 mL 和 1.00 mL，加水稀释定容至刻度，得到浓度分别为 0.0 ng/mL、5.0 ng/mL、10 ng/mL、20 ng/mL、30 ng/mL、50 ng/mL、100 ng/mL 的标准系列溶液。

3. 仪器和设备

液相色谱－原子荧光光谱联用仪（LC-AFS）；天平：感量为 0.1 mg 和 1 mg；样品粉碎设备；离心机：转速≥8 000 r/min；恒温干燥箱：50～300 ℃；pH 计；超声波清洗器；净化小柱或等效柱。

4. 分析步骤

（1）样品制备

取可食部分经高速粉碎机粉碎均匀，装入洁净聚乙烯瓶中，密封保存备用。

（2）样品提取

称取约 1.0 g（精确至 0.001 g）样品于 50 mL 塑料离心管中，加入 20 mL 0.15 mol/L 硝酸溶液，混合均匀，放置过夜。于 90 ℃恒温箱中热浸提 2.5 h，每 0.5 h、振摇 1 min。提取完毕，取出冷却至室温，8 000 r/min 离心 15 min。取 5 mL 上清液置于 15 mL 离心管，加入 5 mL 正己烷，振摇 1 min 后，8 000 r/min 离心 15 min，弃去上层正己烷。按此过程重复除脂一次,吸取下层清液,经0.45 μm有机滤膜过滤和C18小柱净化后进样分析,同时做空白试验。

空白试验:不加样品,与样品制备过程同步操作,进行空白试验。

(3)仪器参考条件

液相色谱参考条件如下。

色谱柱:阴离子交换色谱柱4.1 mm×250 mm(或等效柱)。

流动相条件如下。

流动相A:1 mmol/L磷酸二氢铵溶液(pH=9.0)。

流动相B:20 mmol/L磷酸二氢铵溶液(pH=8.0)。

流速:1.0 mL/min。

进样体积:100 μL。

原子荧光检测参考条件如下。

负高压:320 V。

砷空心阴极灯总电流:90 mA。

辅电流:40 mA。

原子化方式:火焰原子化。

原子化器温度:中温。

载流:20%盐酸溶液,流速4 mL/min。

还原剂:30 g/L硼氢化钾溶液,流速4 mL/min。

载气流速:400 mL/min。

辅助气流速:400 mL/min。

(4)标准曲线的绘制

将混合标准系列溶液依次进行测定,以相应峰面积为纵坐标,目标化合物的浓度值为横坐标,绘制标准曲线,得到回归方程。

(5)测定

将待测溶液注入仪器进行测定,得到色谱图,以保留时间定性。

根据标准曲线得到样品溶液中As(Ⅲ)与As(Ⅴ)含量,As(Ⅲ)与As(Ⅴ)含量的加和为样品溶液中无机砷含量。

5.计算

样品中无机砷元素的含量按下式计算。

$$X = \frac{(c - c_0) \times V \times 1000}{m \times 1000 \times 1000}$$

式中:X——无机砷的含量,mg/kg;

c——样品溶液中无机砷的质量浓度,ng/mL;

c_0——空白溶液中无机砷的质量浓度,ng/mL;

V——样品溶液的定容体积,mL;

m——称样量,g。

计算结果保留两位有效数字。

6.精密度

在相同条件下获得的两次独立测定结果的绝对差值不得超过算术平均值的20%。

7.注意事项

所有玻璃器皿需在硝酸溶液(20%)中浸泡过夜,用纯水反复冲洗干净。

二、食品中铅的检测

铅是重金属污染中毒性较大的一种。由于人类的活动,铅向大气圈、水圈以及生物圈不断迁移,特别是随着近代工业的发展,大气层中的铅与原始时代相比,污染的体积增加了近万倍,人类对铅的吸收也增加了数千倍,吸收值已接近或超出人体的容许浓度。铅的过度摄入已经成为危害人体健康不容忽视的社会问题。

食品中铅的测定方法主要有石墨炉原子吸收光谱法(检出限为5 μg/kg)、火焰原子吸收光谱法(检出限0.1 mg/kg)、二硫腙分光光度法(检出限为25 μg/kg)。

(一)石墨炉原子吸收光谱法

1.原理

样品经灰化或酸消解后,注入原子吸收分光光度计石墨炉中,电热原子化后吸收283.3 nm共振线,在一定浓度范围,其吸收值与铅含量成正比,与标准系列比较定量。

2.仪器与试剂

(1)仪器

原子吸收分光光度计:附石墨炉原子化器和铅空心阴极灯;马弗炉;天平:感量0.001 g;干燥恒温箱;瓷坩埚;压力消解器、压力消解罐或压力溶弹;可调式电热板或可调式电炉。

（2）试剂

硝酸，过硫酸铵，过氧化氢（30%），高氯酸，硝酸溶液（1+1），硝酸（0.5 mol/L），硝酸（1 mol/L），磷酸—氢铵溶液（20 g/L）、硝酸+高氯酸（9+1）。

铅标准储备液：准确称取 1.000 g 金属铅（纯度 99.99%），分次加少量硝酸（1+1），加热溶解，总量不超过 37 mL，移入 1 000 mL 容量瓶，加水至刻度，混匀。此溶液每毫升含 1.0 mg 铅。

铅标准使用液：每次吸取铅标准储备液 1.0 mL 于 100 mL 容量瓶中，加硝酸（0.5 mol/L）至刻度。如此经多次稀释成每毫升含 10.0 ng、20.0 ng、40.0 ng、60.0 ng、80.0 ng 铅的标准使用液。

3.操作方法

（1）样品消解

称取 1～2 g 样品（精确到 0.001 g，干样、含脂肪高的样品＜1 g，鲜样＜2 g 或按压力消解罐使用说明书称取样品）于聚四氟乙烯内罐，加硝酸 2～4 mL 浸泡过夜。再加过氧化氢（30%）2～3 mL（总量不能超过罐容积的1/3）。盖好内盖，旋紧不锈钢外套，放入恒温干燥箱，120～140 ℃保持 3～4 h，在箱内自然冷却至室温，将消化液转移到 10～25 mL 容量瓶中，用水少量多次洗涤罐，洗液合并于容量瓶中并定容至刻度，混匀备用。同时做试剂空白。

（2）仪器参考条件

共振线：283.3 nm。

狭缝：0.2～1.0 nm。

灯电流：5～7 mA。

干燥温度：120 ℃，20 s。

灰化温度：450 ℃，持续 15～20 s。

原子化温度：1 700～2 300 ℃，持续 4～5 s。

背景校正：氘灯或塞曼效应。

（3）标准曲线的绘制

吸取铅标准使用液各 10 μL，注入石墨炉，测得其吸光值并求得吸光值与浓度关系的一元线性回归方程。

样品测定及空白测定同上，测得其吸光值，通过回归方程求得样液中铅含量。对有干扰样品，需要注入 5 μL 2% 磷酸二氢铵溶液作为基体改进剂以消除干扰。绘制铅标准曲线时也要加入与样品测定时等量的基体改进剂磷酸二氢铵溶液。

4.结果计算

$$\omega = \frac{(c_1 - c_0) \times V \times 1000}{m \times 1000}$$

式中:ω——样品中铅的含量,mg/kg 或 mg/L;

c_1——测定样液中铅的质量浓度,ng/mL;

c_0——空白液中铅的质量浓度,ng/mL;

V——样品消化液定量的总体积,mL;

m——样品的质量或体积,g 或 mL。

本法检出限为 5 μg/kg,计算结果保留两位有效数字。

(二)火焰原子吸收光谱法

1.原理

样品经处理后,铅离子在一定 pH 条件下与二乙基二硫代氨基甲酸钠(DDTC)形成络合物,经 4-甲基-2-戊酮萃取分离,导入原子吸收分光光度计中,火焰原子化后,吸收 283.3 nm 共振线,吸收量与铅含量成正比,与标准系列比较定量。

2.仪器与试剂

(1)仪器

原子吸收分光光度计(火焰原子化器),马弗炉,天平(感量为 1 mg),干燥恒温箱,瓷坩埚,压力消解器、压力消解罐或压力溶弹,可调式电热板或可调式电炉。

(2)试剂

硝酸+高氯酸(9+1),硫酸铵溶液(300 g/L),檬酸铵溶液(250 g/L),溴百里酚蓝水溶液(1 g/L),二乙基二硫代氨基甲酸钠(DDTC)溶液(50 g/L),氨水(1+1)、4-甲基-2-戊酮(MIBK)。

铅标准溶液:同石墨炉法。

盐酸(1+11)、磷酸溶液(1+10)。

3.操作方法

(1)样品处理

饮品及酒类:取均匀样品 10~20 g(精确到 0.01 g)于烧杯中(酒类应先在

水浴上蒸去乙醇),于电热板上先蒸发至一定体积后,加入硝酸+高氯酸(9+1)消化完全后,转移、定容于50 mL容量瓶中。

包装材料浸泡液:可直接吸取测定。

谷类:称取5~10 g样品(精确到0.01 g),置于50 mL瓷坩埚中,小火炭化,然后移入马弗炉中,500 ℃以下灰化16 h后,取出坩埚,放冷后再加少量硝酸–高氯酸(9+1),小火加热,不使干涸,必要时再加少许混合酸,如此反复处理,直至残渣中无碳粒。待坩埚稍冷,加10 mL盐酸(1+11),溶解残渣并移入50 mL容量瓶中,再用水反复洗涤废已,洗液并入容量瓶中,并稀释至刻度,混匀备用。

取与样品相同量的混合酸和盐酸(1+11),按同一操作方法做试剂空白试验。

(2)萃取分离

吸取25~50 mL上述制备的样液及试剂空白液,分别置于125 mL分液漏斗中,补加水至60 mL,加2 mL柠檬酸铵溶液(250 g/L),溴百里酚蓝水溶液(1g/L)3~5滴,用氨水(1+1)调pH至溶液由黄变蓝,加硫酸铵溶液(300 g/L)10 mL,DDTC溶液(50 g/L)10 mL,摇匀。放置5 min左右,加入10.0 mL MIBK,剧烈振摇,提取1 min,静置分层后,弃去水层,将MIBK层放入10 mL带塞刻度管中,备用。分别吸取铅标准使用液0.00 mL、0.25 mL、0.50 mL、1.00 mL、1.50 mL、2.00 mL于125 mL分液漏斗中。与样品相同方法萃取。

(3)仪器参考条件

空心阴极灯电流:8 mA。

共振线:283.3 nm。

狭缝:0.4 nm。

空气流量:8 L/min。

燃烧器高度:6 mm。

4.结果计算

$$\omega = \frac{(c_1 - c_0) \times V_1 \times 1000}{m \times \dfrac{V_3}{V_2} \times 1000}$$

式中:ω——样品中铅的含量,mg/kg或mg/L;

c_1——测定用样品中铅的质量浓度,μg/mL;

c_0——试剂空白液中铅的质量浓度,μg/mL;

m——样品的质量或体积，g 或 mL；

V_1——样品萃取液的体积，mL；

V_2——样品处理液的总体积，mL；

V_3——测定用样品处理液的总体积，mL。

本法检出限为 0.1 mg/kg，结算结果保留两位有效数字。

(三)二硫腙比色法

1.原理

样品经消化后，在 pH=8.5～9.0 时，铅离子与二硫腙生成红色络合物，溶于三氯甲烷，加入柠檬酸铵、氰化钾和盐酸羟胺等，防止铜、铁、锌等离子干扰，与标准系列比较定量。

2.仪器与试剂

分光光度计。

氨水(1+1)；盐酸溶液(1+1)；酚红指示液(1 g/L)；氰化钾溶液(100 g/L)；三氯甲烷(不应含氧化物)；硝酸溶液(1+99)；硝酸–硫酸混合液(4+1)。

盐酸羟胺溶液(200 g/L)：称取 20 g 盐酸羟胺，加水溶解至 50 mL，加 2 滴酚红指示液，加氨水(1+1)调 pH 至 8.5～9.0(由黄变红，再多加 2 滴)，用二硫腙–三氯甲烷溶液提取至三氯甲烷层绿色不变为止，再用三氯甲烷洗两次，弃去三氯甲烷层，水层加盐酸(1+1)呈酸性，加水至 100 mL。

柠檬酸铵溶液(200 g/L)：称取 50g 柠檬酸铵，溶于 100 mL 水中，加 2 滴酚红指示液，加氨水(1+1)调 pH 至 8.5～9.0，用二硫腙–三氯甲烷溶液提取数次，每次 10～20 mL，至三氯甲烷层绿色不变为止，弃去三氯甲烷层，再用三氯甲烷洗两次，每次 5 mL，弃去三氯甲烷层，加水稀释至 250 mL。

淀粉指示液：称取 0.5 g 可溶性淀粉，加 5 mL 水摇匀后，缓慢倒入 100 mL 沸水中，随倒随搅拌，煮沸，放冷备用。临用时配制。

二硫腙–三氯甲烷溶液(0.5 g/L)：称取精制过的二硫腙 0.5 g，加 1 L 三氯甲烷溶解，保存于冰箱中。

二硫腙使用液：吸取 1.0 mL 二硫腙溶液，加三氯甲烷至 10 mL，混匀。用 1 cm 比色皿，以三氯甲烷调节零点，于波长 510 nm 处测吸光度，用下式算出配制 100 mL 二硫腙使用液(70% 透光度)所需二硫腙溶液的体积。

铅标准溶液：精密称取 0.159 8 g 硝酸铅，加 10 mL 硝酸溶液(1+99)，全部溶解后,移入100 mL容量瓶中,加水稀释至刻度。此溶液每毫升相当于1.0 mg铅。

铅标准使用液:吸取1.0 mL铅标准溶液,置于100 mL容量瓶,加水稀释至刻度。此溶液每毫升相当于10.0 mg铅。

3.操作步骤

(1)样品预处理

在采样和制备过程中,应注意不使样品污染。

粮食、豆类去杂物后,磨碎,过20目筛,储于塑料瓶中,保存备用。

蔬菜、水果、鱼类、肉类及蛋类等水分含量高的鲜样,用食品加工机或匀浆机打成匀浆,储于塑料瓶中,保存备用。

(2)样品消化(灰化法)

粮食及其他含水分少的食品。称取5.00 g样品,置于石英或瓷坩埚中;加热至炭化,然后移入马弗炉中,500 ℃灰化3 h,放冷,取出坩埚,加硝酸溶液(1+1),润湿灰分,用小火蒸干,在500 ℃灼烧1 h,放冷,取出坩埚。加1 mL硝酸溶液(1+1),加热,使灰分溶解,移入50 mL容量瓶中,用水洗涤坩埚,洗液并入容量瓶中,加水至刻度,混匀备用。

含水分多的食品或液体样品。称取5.0 g或吸取5.00 mL样品,置于蒸发皿中,先在水浴上蒸干,加热至炭化,然后移入马弗炉中,500 ℃灰化3 h,放冷,取出坩埚,加硝酸(1+1),润湿灰分,用小火蒸干,在500 ℃灼烧1 h,放冷,取出坩埚。加1 mL硝酸(1+1),加热,使灰分溶解,移入50 mL容量瓶中,用水洗涤坩埚,洗液并入容量瓶中,加水至刻度,混匀备用。

(3)样品测定

吸取10.0 mL消化后的定容溶液和同量的试剂空白液,分别置于125 mL分液漏斗中,各加水至20 mL。

吸取0.00 mL、0.10 mL、0.20 mL、0.30 mL、0.40 mL、0.50 mL铅标准使用液(相当0 μg、1 μg、2 μg、3 μg、4 μg、5 μg铅),分别置于125 mL分液漏斗中,各加硝酸溶液(1+99)至20 mL。

于样品消化液、试剂空白液和铅标准液中各加2 mL柠檬酸铵溶液(20 g/L)、1 mL盐酸羟胺溶液(200 g/L)和2滴酚红指示液,用氨水(1+1)调至红色,再各加2 mL氰化钾溶液(100 g/L),混匀。各加5.0 mL二硫腙使用液,剧烈振摇1 min,静置分层后,三氯甲烷层经脱脂棉滤入1 cm比色皿中,以三氯甲烷调节零点,于波长510 nm处测吸光度,各点减去空白液管吸光度值后,绘制标准曲线或计算一元回归方程,样品与标准曲线比较。

4.结果计算

$$\omega = \frac{(m_1 - m_0) \times 10^{-6}}{m \times \frac{V_2}{V_1}}$$

式中:ω——样品中铅的质量分数,%;

m_1——测定用样品消化液中铅的质量,μg;

m_0——试剂空白液中铅的质量,μg;

m——样品的质量,g;

V_1——样品消化液的总体积,mL;

V_2——测定用样消化液的体积,mL。

三、食品中汞的检测

汞分为元素汞、无机汞和有机汞。元素汞经消化道摄入,一般不造成伤害,因为元素汞几乎不被消化道所吸收。元素汞只有在大量摄入时,才有可能因重力作用造成机械损伤。但由于元素汞在室温下即可蒸发,因此可以通过呼吸吸入危害人体健康。无机汞进入人体后可通过肾脏排泄一部分,未排出的部分沉着于肝和肾,并对它们产生损伤。而有机汞(如甲基汞)主要通过肠道排出,但排泄缓慢,具有蓄积作用。甲基汞可通过血脑屏障进入脑内,与大脑皮层的巯基结合,影响脑细胞的功能。

食品中汞的测定方法有多种,如原子荧光光谱分析法(检出限为0.15 μg/kg)冷原子吸收法(检出限:压力消解法为0.4 μg/kg,其他消解法为10 μg/kg)、二硫腙分光光度法(检出限为25 μg/kg)。水产品中甲基汞的测定可采用气相色谱法。

(一)原子荧光光谱分析法

1.原理

样品经酸加热消解后,在酸性介质中,样品中汞被硼氢化钾(KBH_4)还原成原子态汞,由载气氩气带入原子化器中。在特制汞空心阴极灯照射下,基态汞原子被激发至高能态,在去活化回到基态时,发射出特征波长的荧光,其荧光强度与汞含量成正比,与标准系列比较进行定量。

2.仪器与试剂

双道原子荧光光度计;高压消毒罐:100 mL;微波消解炉。

优级纯硝酸;过氧化氢30%;优级纯硫酸;硫酸+硝酸+水(1+1+8);硝酸溶液(1+9);氢氧化钾溶液:5 g/L。

硼氢化钾溶液(5 g/L):称取5.0 g硼氢化钾,溶于5.0 g/L氢氧化钾溶液中,稀释至1 000 mL,现用现配。

汞标准储备溶液:精密称取0.135 4 g干燥过的氯化汞,加硫酸+硝酸+水混合酸(1+1+8),溶解后移入100 mL容量瓶,稀释至刻度,混匀,此溶液每毫升相当于1 mg汞。

汞标准使用溶液:准确吸取汞标准储备液1 mL,置于100 mL容量瓶中,用硝酸溶液(1+9)稀释至刻度,混匀,此溶液浓度为10 μg/mL。分别吸取此溶液1 mL和5 mL,置于两个100 mL容量瓶中,用硝酸溶液(1+9)稀释至刻度,混匀,溶液浓度分别为100 ng/mL,500 ng/mL,分别用于测定低浓度样品和高浓度样品,制作标准曲线。

3.操作方法

(1)样品处理

称取经粉碎混匀过的40目筛的干样0.2～1.00 g,置于聚四氟乙烯内罐中,加5 mL硝酸,混匀后放置过夜,再加7 mL过氧化氢,盖上内盖放于不锈钢外套中,旋紧密封。然后将普通消解器放于烘箱中加热,升温至120 ℃后保持恒温2～3 h,至消解完全,自然冷却至室温。将消解液用硝酸溶液(1+9)定量转移并定容至25 mL,摇匀。同时做试剂空白试验。

(2)标准系列配制

分别吸取100 ng/mL和500 ng/mL汞标准使用液0.25 mL、0.50 mL、1.00 mL、2.00 mL、2.50 mL于25 mL容量瓶中,用硝酸溶液(1+9)稀释至刻度,混匀,分别为低浓度标准系列和高浓度标准系列。

(3)仪器参考条件

光电倍增管负高压:240 V。

汞空心阴极灯电流:30 mA。

原子化器:温度300 ℃,高度8.0 mm。

氩气流速:载气500 mL/min,屏蔽气1 000 mL/min。

测量方式为标准曲线法。

读数方式为峰面积。

读数延迟时间1.0 s。读数时间10.0 s。

硼氢化钾溶液加液时间8.0 s。

标液或样液加液体积2 mL。

(4)样品测定

设定好仪器最佳条件,逐渐将炉温升至所需要温度,稳定10～20 min后开始测量。连续用硝酸溶液(1+9)进样,待读数稳定之后,转入标准系列测量,绘制标准曲线。转入样品测量,先用硝酸溶液(1+9)进样,使读数基本回零,再分别测定样品空白和样品消化液,每测不同的样品前都应清洗进样器。样品测定结果按公式计算。

4.结果计算

$$\omega = \frac{(c - c_0) \times V \times 1000}{m \times 1000 \times 1000}$$

式中:ω——样品中汞的含量,mg/kg或mg/L;

c——样品消化液中汞的质量浓度,ng/mL;

c_0——试剂空白液中汞的质量浓度,ng/mL;

V——样品消化液的总体积,L;

m——样品的质量或体积,g或mL。

计算结果保留三位有效数字;在重复性条件下获得的两次独立测定结果的绝对差值不得超过算术平均值的10%。

5.说明及注意事项

汞元素易挥发,在消解过程中要注意控制消解温度。

分析纯的盐酸和硝酸中一般含有较高的汞,建议使用优级纯的盐酸和硝酸,并在使用时做试剂空白。

玻璃器皿容易吸附汞,实验所用玻璃仪器均需以硝酸-水(1:1)浸泡过夜,用水反复冲洗,最后用去离子水冲洗干净,晾干后使用。

硼氢化钾浓度降低灵敏度会增加,但不能低于0.01%。

(二)冷原子吸收法

1.原理

汞蒸气强烈吸收253.7 nm的共振线。样品消解后使汞转为汞离子,在强酸性介质中以氯化亚锡还原成元素汞,以氮气或干燥空气作为载体,将元素汞吹入汞测定仪,进行冷原子吸收测定,在一定浓度范围其吸收值与汞含量成正比,与标准系列比较定量。

2.仪器与试剂

双光束测汞仪;压力消解罐;恒温干燥箱等。

氯化亚锡溶液(100 g/L):称取10 g氯化亚锡溶于20 mL盐酸中,以水稀释至100 mL,现用现配。

汞标准储备液:准确称取0.135 4 g经干燥器干燥过的二氧化汞溶于硝酸-重铬酸钾溶液中,移入100 mL容量瓶,以硝酸-重铬酸钾溶液稀释至刻度混匀。此溶液含1.0 mg/mL汞。用时由硝酸-重铬酸钾溶液稀释成2.0 ng/mL、4.0 ng/mL、6.0 ng/mL、8.0 ng/mL、10.0 ng/mL的汞标准使用液。

3.操作方法

(1)样品制备

粮食,豆类去杂质磨碎后过20目筛,果蔬、肉类及蛋类等匀浆,样品储存于塑料瓶中保存。

(2)样品处理

称取1.00~3.00 g样品(干样、含脂肪高的样品<1.00 g,鲜样<3.00 g,或按压力消解罐使用说明书称取样品)于聚四氟乙烯内罐,加硝酸2~4 mL浸泡过夜。再加过氧化氢(30%)2~3 mL盖好内盖,旋紧不锈钢外套,放入120~140 ℃恒温干燥箱保持3~4 h,在箱内冷却至室温。将消化液洗入或过滤入10.0 mL容量瓶,用水少量多次洗涤罐,洗液合并于容量瓶并定容至刻度,混匀备用。同时作试剂空白试验。

(3)标准曲线绘制

吸取2.0 ng/mL、4.0 ng/mL、6.0 ng/mL、8.0 ng/mL、10.0 ng/mL汞标准使用液各5.0 mL(相当于10.0 ng、20.0 ng、30.0 ng、40.0 ng、50.0 ng)置于汞蒸气发生器还原瓶中,分别加入1.0 mL氯化亚锡(100 g/L),迅速盖紧瓶塞,随后有气泡产生,从仪器读数显示的最高点测得其吸收值。然后打开吸收瓶上的三通阀将产生的汞蒸气吸收于高锰酸钾溶液(50 g/L),待测汞仪上的读数达到零点时进行下一次测定,并求得吸光值与汞含量关系的一元线性回归方程。

(4)样品测定

分别吸取样液和试剂空白液各5.0 mL置于测汞仪的汞蒸气发生器的还原瓶中,以下按"标准曲线绘制"中"分别加入1.0 mL还原剂氯化亚锡"起进行操作。将所测的吸收值代入标准系列的一元线性回归方程中求得样液中汞的含量。

4.结果计算

$$\omega = \frac{m_1 - m_2}{m - \dfrac{V_2}{V_1}}$$

式中:ω——样品中汞的质量分数或质量浓度,mg/kg 或 mg/L;

m——样品的质量或体积,g 或 mL;

m_1——测定样品消化液中汞的质量,ng;

m_2——试剂空白液中汞的质量,ng;

V_1——样品消化液定容的总体积,mL;

V_2——测定用样品消化液的体积,mL。

计算结果精确至小数点后两位。

5.说明及注意事项

在重复性条件下获得的两次独立测定结果的绝对差值不得超过算术平均值的20%。

所用玻璃仪器均需以硝酸溶液(1+5)浸泡过夜,用水反复冲洗,最后用去离子水冲洗干净。

样品消解可根据实验室条件选用(GB/T 5009.17—2021)中的任何一种。

(三)气相色谱法

1.原理

样品用氯化钠研磨后加入含有铜离子的盐酸–水(1:11),样品中结合的甲基汞与铜离子交换,甲基汞被萃取出来后,经离心或过滤,将上清液调至一定的酸度,用巯基棉吸附样品中的甲基汞,再用盐酸–水(1:5)洗脱,最后以苯萃取甲基汞,用色谱分析。

2.仪器与试剂

(1)仪器

气相色谱仪:附 ^{63} Ni 电子捕获检测器或氚源电子捕获检测器;酸度计;离心机。

硫基棉管:用内径 6 mm、长度 20 cm,一端拉细(内径 2 mm)的玻璃滴管内装 0.1~0.15 g 硫基棉,均匀填塞,临用现装。

(2)试剂

氯化钠、苯、无水硫酸钠、4.25%氯化铜溶液、4%氢氧化钠溶液。

盐酸-水(1:5)、盐酸-水(1:11)、硫基棉。

淋洗液(pH3.0~3.5),用盐酸-水(1:11)调节水的 pH 为 3.0~3.5。

甲基汞标准溶液(1 mg/mL):准确称取 0.125 2 g 氯化甲基汞,用苯溶解于 100 mL 容量瓶中,加苯稀释至刻度。放置冰箱(4 ℃)保存。吸取 1.0 mL 甲基汞标准溶液,置于 100 mL 容量瓶中,用苯稀释至刻度。取此溶液 1.0 mL,置于 100 mL 容量瓶,用盐酸-水(1:5)稀释至刻度,此溶液每毫升相当于 0.10 μg 甲基汞,临用时新配。

0.1%甲基橙指示液:称取甲基橙 0.1 g,用 95%乙醇稀释至 100 mL。

3.操作方法

(1)色谱参考条件

色谱柱:内径 3 mm、长 1.5 m 的玻璃柱,内装涂有质量分数为 7%的丁二酸乙二醇聚酯(PEGS)或涂质量分数为 1.5%的 OV-17 和 1.95% QF-1 或质量分数为 5%的丁二乙酸二乙二醇酯(DEGS)固定液的 60~80 目 Chromosorb WAW DMCS; ^{63} Ni 电子捕获检测器温度为 260 ℃,柱温 185 ℃,汽化室温度 215 ℃;氚源电子捕获检测器温度为 180 ℃,柱温 185 ℃,汽化室温度 185 ℃;载气(高纯氮)流量为 60 mL/min。

(2)样品测定

称取 1.00~2.00 g 肉类样品,加入等量氯化钠,研成糊状,加入 0.5 mL 4.25%氯化铜溶液,轻轻研匀,用 30 mL 盐酸-水(1:11)分次转入 100 mL 带塞锥形瓶,剧烈振摇 5 min,放置 30 min,样液全部转入 50 mL 离心管,用 5 mL 盐酸-水(1:11)淋洗锥形瓶,洗液与样液合并,2 000 r/min 离心 10 min,将上清液全部转入 100 mL 分液漏斗中,于残渣中再加 10 mL 盐酸-水(1:11),用玻璃棒搅拌均匀后再离心,合并两份离心溶液。加入等量的 4%氢氧化钠溶液中和,加 1~2 滴甲基橙指示液,调至溶液变黄色,然后滴加盐酸-水(1:11)至溶液从黄色变为橙色(溶液的pH在3.0~3.5之间)。

将塞有0.1~0.15 g的巯基棉的玻璃滴管接在分液漏斗下面,控制流速为4~5 mL/min;然后用pH 3.0~3.5的淋洗液冲洗漏斗和玻璃管,取下玻璃管,用玻璃棒压紧巯基棉,用洗耳球将水尽量吹尽,然后加入1 mL盐酸-水(1:5)分别洗脱1次,用洗耳球将洗脱液吹尽,收集于10 mL具塞比色管中。另取2支10 mL具塞比色管,各加入2.0 mL样品提取液和甲基汞标准使用液(0.10 μg/mL)。向含有样品及甲基汞标准使用液的具塞比色管各加入1.0 mL苯,提取振摇2 min,分层后吸出苯液,加少许无水硫酸钠脱水,静置,吸取一定量进行气相色谱测定,记录峰高,与标准峰高比较定量。

4.结果计算

$$\omega = \frac{m_1 \times h_1 \times V_1 \times 1000}{m_2 \times h_2 \times V_2 \times 1000}$$

式中:ω——样品中甲基汞的含量,mg/kg;

m_1——甲基汞的标准量,μg;

h_1——样品的峰高,mm;

V_1——样品苯萃取溶剂的总体积,μL;

V_2——测定用样品的体积,μL;

h_2——甲基汞的标准峰高,mm;

m_2——样品的质量,g。

5.说明及注意事项

为减少玻璃吸附,所有玻璃仪器均用硝酸-水(1:5)浸泡24 h,用水反复冲洗,最后用去离子水冲洗干净。

苯试剂应在色谱上无杂峰,否则应重蒸馏纯化。

无水硫酸钠用苯提取,避免干扰。

巯基棉的制备:在250 mL具塞锥形瓶中依次加入35 mL乙酸酐、16 mL冰乙酸、50 mL硫代乙醇酸、0.15 mL硫酸、5 mL水混匀,冷却后加入14 g脱脂棉,不断翻压,使棉花完全浸透,将塞盖好,置于恒温培养箱中,在(37±0.5)℃保温4 d(注意切勿超过40 ℃),取出后用水洗至近中性,除去水分后平铺于瓷盘中,再在(37±0.5)℃恒温箱中烘干,成品放入棕色瓶中,放置冰箱(4 ℃)保存备用,使用前,应先测定巯基棉对甲基汞的吸附效率为95%以上方可使用。

参考文献

[1]曹培启.食品安全检测技术在农产品农药残留检测中的应用分析实践探究[J].食品安全导刊,2021(33):165-167.

[2]曹叶伟.食品检验与分析实验技术[M].长春:吉林科学技术出版社,2021.

[3]陈丽芳.食品合成色素检测方法现状研究[J].食品安全导刊,2019(24):101-102.

[4]丁奇,马立利,郎爽,等.不同调味品中氨基酸态氮、总酸含量的分析及比较研究[J].分析仪器,2021(3):70-74.

[5]董红霞,郑钦月.食品灰分测定中的问题探究[J].食品安全导刊,2020(21):116-117.

[6]冯志强,庄俊钰.食品快速检测理论与实训[M].北京:中国计量出版社,2021.

[7]郭焘,匡凤军,刘群,等.食品添加剂的安全性及食品安全检测技术[J].食品安全导刊,2021(32):137-139.

[8]何亚芬.气相色谱法同时检测食品中9种常见食品添加剂方法的建立与应用[D].南昌:江西农业大学,2020.

[9]焦岩.食品添加剂安全与检测技术[M].哈尔滨:哈尔滨工业大学出版社,2019.

[10]黎水英.对食品中亚硝酸盐检测技术的几点探讨[J].食品安全导刊,2021(30):140-141.

[11]李天骄,曾强成,焦德杰,等.食品添加剂与掺伪检测实验指导[M].沈阳:辽宁大学出版社,2020.

[12]李新玲.食品中铝的检测方法改进研究[J].食品安全导刊,2020(33):140-141.

[13]刘国志.食品中蛋白质检测方法分析[J].大众标准化,2020(12):147-148.

[14]刘建青.现代食品安全与检测技术研究[M].西安:西北工业大学出版社,

2019.

[15]刘向国.液相色谱检测技术在食品检测方面的应用[J].食品安全导刊,2021（30）:129+131.

[16]欧丽芬.液相色谱在食品检测中的应用分析[J].现代食品,2021(23):96-98.

[17]王忠合.食品分析与安全检测技术[M].北京:中国原子能出版社,2020.

[18]王忠兴.食品中九种兽药残留免疫快速检测方法研究[D].无锡:江南大学,2019.

[19]杨品红,杨涛,冯花.食品检测与分析[M].成都:电子科技大学出版社,2019.

[20]姚玉静,翟培.食品安全快速检测[M].北京:中国轻工业出版社,2019.

[21]尹凯丹,万俊.食品理化分析技术[M].北京:化学工业出版社,2021.

[22]张仁松.肉类食品中稀土元素本底与残留的检测方法研究[D].长春:吉林农业大学,2021.

[23]张泽翔.豆腐形成过程中水分、蛋白质变化表征及快速定量检测研究[D].镇江:江苏大学,2020.

[24]赵晨曦,高佳,付志斌,等.食品中硒总量检测方法研究进展[J].食品安全质量检测学报,2021,12(5):1653-1661.